beginner's guide to digital painting in

Procreate Characters

数字绘画从入门到精通

角色设计篇

英国 3dtotal 出版社 著

杨雪果 李洋 译

电子工业出版社

Publishing House of Electronics Industry

北京·BEIJING

本书英文版的简体中文翻译版权由3dtotal.com Ltd通过姚氏顾问社版权代理公司授予电子工业出版社。版权所有，未经出版方事先书面同意，不得以任何形式或任何方式复制本书的任何部分。除另有说明之外，所有艺术作品的版权归 © 3dtotal Publishing或特约艺术家所有。所有版权不属于3dtotal Publishing或特约艺术家的艺术作品都有声明。

版权贸易合同登记号 图字: 01-2022-0566

图书在版编目（CIP）数据

Procreate数字绘画从入门到精通. 角色设计篇 / 英国3dtotal出版社著；杨雪果，李洋译.—北京：电子工业出版社，2023.6
书名原文：Beginner's Guide to Digital Painting in Procreate: Characters
ISBN 978-7-121-45266-6

Ⅰ.①P… Ⅱ.①英… ②杨… ③李… Ⅲ.①图像处理软件 Ⅳ.①TP391.413

中国国家版本馆CIP数据核字（2023）第049413号

责任编辑：张艳芳　　特约编辑：刘俊萍
印　　刷：北京缤索印刷有限公司
装　　订：北京缤索印刷有限公司
出版发行：电子工业出版社
　　　　　北京市海淀区万寿路173信箱　邮编：100036
开　　本：787×1092　1/16　印张：13.25　字数：381.6千字
版　　次：2023年6月第1版
印　　次：2023年6月第1次印刷
定　　价：108.00元

凡所购买电子工业出版社图书有缺损问题，请向购买书店调换。若书店售缺，请与本社发行部联系，联系及邮购电话：（010）88254888，88258888。
质量投诉请发邮件至zlts@phei.com.cn，盗版侵权举报请发邮件至dbqq@phei.com.cn。
本书咨询联系方式：（010）88254161～88254167转1897。

作品版权：法蒂玛·哈杰德（蓝鸟）

目　录

作品版权：安东尼奥·斯塔帕特

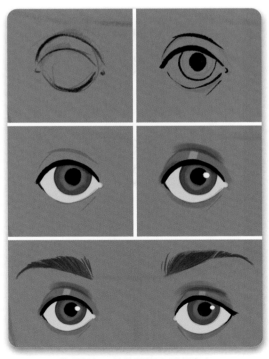

作品版权：帕特里希亚·沃伊奇克

作品版权：科里·林恩·哈贝尔

作品版权：莉珊娜·科特尤

介绍

欢迎学习 Procreate

Procreate 是一款基于 iOS 系统为创意者设计的绘画应用软件，它成功地填补了在屏幕上绘画和在纸上绘画之间的鸿沟。大多数艺术家喜欢手绘创作，因为在创作时可以带来更真实的触感。Procreate 简洁、直观的用户界面实现了此需求。该软件可使用手势触摸控制和可访问的菜单进行绘画、动画制作和设计工作，这些菜单分布合理、易于理解，甚至可以自定义。

Procreate 不仅易于使用，还与 iPad（或 iPhone）硬件无缝衔接，在绘图时创造出流畅且无障碍的体验。不用每隔两分钟就备份一次文件，Procreate 会自动进行备份直到你画完最后一笔，同时会记录绘制的过程，这样你就可以轻松地与朋友在社交平台上共享绘制过程的缩时视频。

在 iPad 上使用 Procreate

为什么选择数字绘画？

为什么要在屏幕上工作？效率是我想到的第一个原因。无论你是专业艺术家还是初学者，完善工作流程对所有用户都受益。数字绘画可以帮助你做到这一点！在提升创作速度的同时，数字媒体还可以让用户以非破坏性的方式进行创作；在创作过程中，可以删除或撤销某个步骤或效果，而无须擦除之前创作的部分。

Procreate 的图层面板等工具具有广泛的用途。你可以在单独的图层中处理作品的每个部分，从而增加对作品的掌控，提升快速修改作品的氛围、设计或颜色的能力。一个很好的例子是【液化】工具，这是一个惊人的功能，它可以改变设计的某些部分，同时保留其他部分不变。我们强烈推荐你尝试数字绘画，通过 Procreate 将你的创意之旅会变得更加愉快！

Procreate 图层面板

使用 Procreate 进行数字角色设计

如何使用 Procreate 进行角色设计

　　在设计角色时有很多不同的方法，没有谁更好之说。Procreate 的美妙之处在于它不强制人选择任何特定的工作或创作方式。你是决定者，无论你选择哪种方式进行创作，Procreate 都可以提供帮助。如果你想在开始时使用线稿进行角色设计，Procreate 的画笔库中有多种默认的素描画笔供你尝试；如果你喜欢通过形状创造角色，那么 Procreate 提供的众多默认画笔及选区中的工具可以帮助你以这种方式创作。如果需要在创建角色或肖像画时参考图片，便捷的【参考】工具可以让你在绘制时查看参考图片。

　　Procreate 的另一个美妙之处在于它已经过优化，可与 iPad 和 Apple Pencil 一起使用。我们建议你使用 Apple Pencil 而不是第三方触控笔。因为 Apple Pencil 针对 iPad 在性能和手势方面都进行了优化。它可以灵敏地改变笔触的压力、画笔不透明度和画笔厚度，就像使用传统媒介一样。这将极大地增强你的使用体验！然而，你可以在准备购买 Apple Pencil 之前，可先使用第三方触控笔进行体验。

通过形状创建角色

通过线稿创建角色

Procreate 的【参考】工具

如何使用本书

无论你是经验丰富的数字画家还是初学者，我们都建议你从阅读基础入门章节开始。这些内容将涵盖如何使用和浏览 Procreate 的基础知识以及该应用提供的众多工具和功能，包括：用户界面、设置、手势、画笔、颜色、图层、选区、变换、调整和操作等。花点时间阅读每一章，依次尝试不同的工具和功能。在继续学习教程之前，巩固这些知识是关键，不要抵触回顾这些章节。

读完所有基础入门的章节并且对基础知识有了很好的理解后，接着继续深入到角色设计重点部分，该部分将分享如何使用Procreate创建角色。本书会从头开始分解创建角色过程中的步骤，将探索如何使用Procreate的默认画笔绘制嘴唇、耳朵、鼻子、眼睛、头发和材质这些特征。液化工具将最大化地利用不同的方式来增强角色设计感。同样，花一点时间阅读这些内容并进行实验。在进入完整角色设计之前，应该先学习如何绘制每个部分的特征和材质。

当你准备好了，就可以继续学习六篇角色教程演示。该教程将一步一步地指导你如何在 Procreate 中绘制角色。这些教程涵盖了各种不同的风格、主题和方法。与其他章节一样，每个教程都以一系列学习目标开始，这些目标详细说明了在遵循这些步骤的过程中你将学到哪些创造性的技巧。

注意整本书中的"专业提示"版块，这里分享了艺术家的专业建议和创造性见解。此外，可以根据需要参考本书最后的术语表和工具指南。

可下载资源

本书中的艺术家提供了一系列可下载的资源帮助你学习。其中包括角色教程的缩时视频、线稿和自定义画笔。注意这个图标表示该章节有可下载的资源。可下载资源的完整列表以及下载的方式见第 208 页。确保在开始之前将它们全部下载。

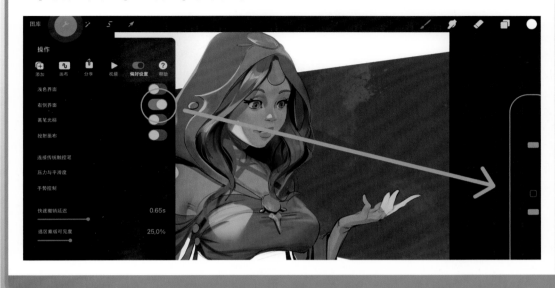

触摸屏手势

手势用于在 Procreate 界面中浏览并执行不同的操作，我们将在第 16 页的手势小节中更详细地介绍它们。本书中使用了以下符号来代表不同的手势。

用 1 个手指按住
屏幕

用 2 个手指按住
屏幕

滑动

用 1 个手指按住并
滑动

基础入门

用户界面

学习目标

学习如何：

- 浏览主屏幕用户界面
- 浏览画布用户界面

图库主屏幕

　　Procreate 的用户界面（UI）既易于浏览，也易于使用。主屏幕上用户界面的主要元素包括图库、展示作品的地方和右上角的菜单。图库是整理作品的地方，右上角的菜单栏提供了选择作品、从设备或是支持的云应用程序导入新文件、导入照片和创建自定义尺寸的新画布等选项。

Procreate 的主屏幕显示你的图库中的所有作品

画布屏幕

　　点击图库中的一幅作品，或使用右上角的菜单导入或创建新的画布，将打开画布用户界面。在这里，你的可以开始起稿并绘制角色。

Procreate 的画布屏幕包含创建角色所需的所有工具

图库　　　　调整　　　变换　　　　　　　　　　　　　　　　涂抹　　　图层

图库

操作　　　选区　　　　　　　　　　　　　画笔 / 画笔库　　擦除　　　颜色

画笔不透明度滑块

修改按钮

画笔尺寸滑块

撤销

重做

侧边栏（左手边）

　　侧边栏包含画笔不透明度和画笔尺寸滑块，默认情况下位于屏幕的左侧，但如果用左手绘制，则可以移动到右侧。画笔不透明度滑块会改变画笔绘制的透明度或半透明度，画笔尺寸滑块可以改变画笔的尺寸大小。还有一个修改按钮，可以调用吸管工具（见第 25 页）。在这些滑块下方，你可以找到撤销和重做按钮，方便你在绘制步骤中来回切换，不过你会发现使用手势点击来获取这些功能更便捷（见第 16 页）。

顶部工具栏

　　顶部工具栏的左侧包含一系列有用的工具。从左到右，【图库】菜单将带你返回图库，接下来是用于操作的扳手图标，用于调整的魔杖图标，用于选区的 S 形图标和用于变换的箭头图标。本书将会进一步解释这些工具。

　　从左到右，顶部工具栏右侧是画笔库、涂抹工具、擦除工具、图层面板和颜色菜单的图标。

设置

学习目标

学习如何：

- 创建一个新画布
- 整理你的图库
- 选择并旋转你的作品

创建一个新画布

点击图库主屏幕右上角的【+】图标，可以打开画布创建菜单。你可以选择预设画布尺寸，或者自定义画布尺寸，并将其存储为预设。

自定义尺寸

如果你经常使用某个特定的画布尺寸，将其保存成预设后，只须要点击一下该预设画布即可。要创建自己的自定义画布，点击屏幕右上角的【+】图标，然后，点击新建画布旁边的带"+"的矩形图标，选择画布的宽度和高度，首选 dpi 模式。不要忘记将其重命名。当你在菜单中寻找最喜欢的画布尺寸时，命名画布预设可以为你节省时间。点击【创建】按钮，将打开新的自定义画布选项卡；下次点击【新建画布】时，你的自定义画布将作为预设显示在列表中。

如果想要更多的控制按钮，还可以调整新预设画布的颜色配置文件以及缩时视频导出功能。

新建画布		
屏幕尺寸	P3	2732 × 2048px
角色	P3	4000 × 5500px
角色设计	P3	5000 × 2500px
A4	P3	2480 × 3508px
A3	P3	3508 × 4960px
镜头关键帧	P3	7400 × 4000px
全高清	P3	3960 × 2160px
方形	sRGB	2048 × 2048px
4K	sRGB	4096 × 1714px
A4	sRGB	210 × 297mm
4 × 6 照片	sRGB	6" × 4"
纸	sRGB	11" × 8,5"
连环画	CMYK	6" × 9,5"
全屏分辨率	P3	5464 × 4096px
工作	P3	4650 × 4200px
商业	P3	3850 × 2750px
新建画布	P3	36,999 × 24,003...
方形	P3	3000 × 3000px
角色背景	P3	3000 × 2000px

画布创建菜单提供创建新画布和从预设屏幕尺寸列表中选择的选项

专业提示

创建自定义画布。创建最常用的画布尺寸和分辨率的自定义画布预设，在开始新的绘画时，将节省你的时间。别忘了给它们命名！

导入文件

如果想导入文件并立即工作，只须点击右上角的【导入】或【照片】菜单，接着选择要导入的文件或照片即可。支持的文件格式包括 PSD、TIFF、JEPG、PNG、PDF 和 Procreate。

【导入】菜单可导入存储在 iPad 或云端的文件

【照片】菜单可以从 iPad 导入照片或屏幕截图

删除、复制和分享

删除、复制和分享文件很容易操作。在图库中任何作品上向左滑动将弹出这 3 个按钮。

删除

【删除】按钮用于清除文件。要先确保有备份文件以避免完全丢失作品，因为无法恢复已删除的文件。

复制

【复制】按钮用于创建文件的副本。如果想要对作品进行一些重大的修改，或者如果想要保留它的不同版本，这个功能很有用。

分享

【分享】按钮用于以多种格式导出你的作品，包括 Procreate、PSD、PDF、JPEG、PNG、TIFF、动画 GIF、动画 PNG、动画 MP4 和动画 HEVC。

整理你的图库

在创作了一系列作品后，你的图库可能会变得杂乱无章。Procreate 可以创建堆栈以帮助你整理作品，例如，按流派、客户、类型或者任何你喜欢的方式。

创建和重命名堆栈

创建堆栈，只须要用手指按住一个作品将其选中，然后将其拖放到另一个作品上，松开后，Procreate 会创建一个包含两幅作品的新堆栈。注意，只能在主图库中创建堆栈，而不能在单个堆栈内创建。通过点击堆栈下方的名称可以编辑文本进行重命名。

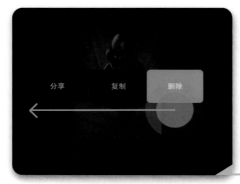

在作品上向左滑动将弹出【删除】、【复制】、【分享】按钮

分享文件时，从可用的图像格式菜单中进行选择

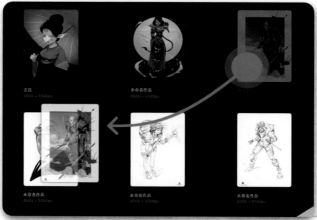

将一个作品拖放到另一个作品上以创建堆栈

重命名堆栈可以帮助你标记其包含的作品。例如，可以将包含角色的堆栈命名为"角色设计"。

改变画布方向。你可以使用旋转手势更改画布的方向。在图库屏幕中，用2个手指按住作品的缩略图，然后将其旋转到所需的方向。该文件将会自动调整其宽高比。

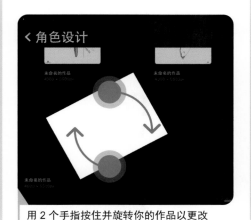

用2个手指按住并旋转你的作品以更改其方向

预览

预览模式可以全屏查看作品，而无须打开文件。它还可以像浏览图库一样浏览作品。要进入预览模式，用2个手指放大选择的作品即可。还可以向左或向右滑动以查看图库中所有文件。当你想要展示系列作品时，只须创建一个包含你想要展示的作品的堆栈，然后在该堆栈中使用预览模式即可轻松浏览作品。要关闭预览模式，只须用手指捏合作品将其缩小即可。

放大图库中的艺术作品以访问预览模式

选择

在图库屏幕右上角的菜单栏中，选择工具可用于跨多个文件执行相同的操作。点击它后，你可以选择多个文件执行批量操作，包括：

- 堆栈
- 预览
- 分享
- 复制
- 删除

选择工具还可以快速创建堆栈，或者完成整个图库的备份。但是当你已经在堆栈中，你会发现选择菜单中没有堆栈选项。

选择工具可对作品执行批量操作

手势

学习目标

学习如何：

- 使用手势浏览加速你的工作流程
- 撤销和重做
- 使用【拷贝并粘贴】菜单进行剪切、拷贝、粘贴和复制
- 使用手势清除图层
- 使用手势修改画布

手势和浏览

Adobe Photoshop 更像是一个基于光标的程序，但 Procreate 更依靠手势，这就是该软件更直观、高效和令人愉快的原因，这也是该用户界面如此简洁和干净的原因——几乎任何功能都可以通过手势访问，包括最常用的操作。浏览画布是创作作品的重要部分。Procreate 设计了以下手势来加速工作流程。

放大和缩小

要缩小作品，将 2 个手指按住屏幕并向内捏合即可。要放大，就将 2 个手指按住屏幕向外分开。

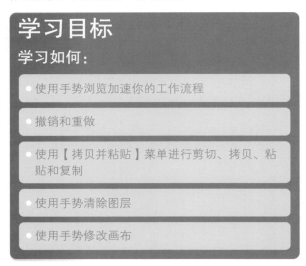

用 2 个手指按住屏幕，
然后向内捏合以缩小

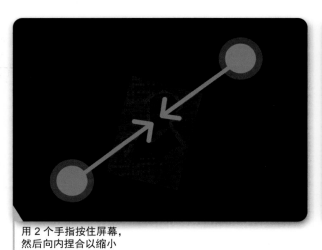

用 2 个手指按住屏幕，
然后向外分开以放大

旋转画布

　　与缩放手势类似，用 2 个手指按住屏幕，同时顺时针或逆时针旋转，画布将跟随你的手指旋转。旋转时也可以放大或缩小画布。

用 2 个手指按住
画布并旋转

移动画布

　　在屏幕上移动画布，只须将 2 个手指按住画布，将其拖到屏幕的任意位置。

全屏视图

　　快速捏合手势会将画布切换到全屏视图。这在放大画面以及旋转画布处理角色设计时非常有用。但如果希望将画布恢复为默认值以查看整个设计时，要将 2 个手指按住屏幕，像缩小操作一样快速向内捏合，然后从屏幕上抬起即可。

2 个手指点击画布可撤销最后一步

3 个手指点击画布可重做最后一步

撤销和重做

　　使用 Procreate 时，撤销和重做手势将成为你最好的朋友。撤销功能可以在绘画中返回一步，非常适合撤销错误操作。重做功能将取消撤销操作，使你向前一步。

撤销

　　撤销，用 2 个手指点击画布。

重做

　　重做，用 3 个手指点击画布。

拷贝并粘贴菜单

用3个手指在屏幕上快速向下滑动，【拷贝并粘贴】菜单就会弹出来。这个菜单可以进行剪切、拷贝、全部拷贝、复制、剪切并粘贴以及粘贴部分或全部作品等操作。通过点击【操作】>【手势控制】>【拷贝并粘贴】菜单，在弹出的面板中打开或关闭【三指滑动】选项，可以启用或禁用此手势。建议使用【三指滑动】，也有许多其他选项可用，例如，【四指滑动】或用【Apple Pencil 轻点两下】。

用3个手指向下滑动屏幕，打开【拷贝并粘贴】菜单

剪切

【剪切】操作将会移除图层上选择的任何内容。如果未进行选择，则整个图层将被视为选区，该图层中的所有内容都将被剪切。别担心，这不会删除任何内容，你仍然可以将剪切的选区内容粘贴到任何需要的地方，例如，画布的另一个部分或新图层上。

拷贝

【拷贝】功能与【剪切】功能相同，只是没有移除任何内容，而是复制了所选内容，然后可以将其粘贴到其他位置。注意，此功能仅复制所选择的内容（见第38页）。

全部拷贝

要从文件的多个图层中复制图稿，选择【全部拷贝】功能。该功能可以复制选中的任何内容，或者在没有选择时复制整个画布。如果想要复制作品的某些部分而不必搜索所有图层，【全部拷贝】功能则是一个非常好的帮手。

复制

新添加的【复制】功能是一个有用的快捷方式，可以立即复制活动图层中的选区并粘贴到新创建的图层上。

轻松复制角色设计的元素

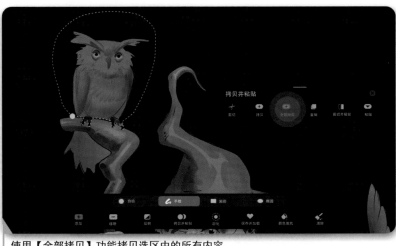

使用【全部拷贝】功能拷贝选区中的所有内容

剪切并粘贴

与复制类似，【剪切并粘贴】功能将从当前图层中移除所选内容，并将其粘贴到新创建的图层上。

粘贴

将拷贝或剪切的选区内容粘贴到当前图层上。

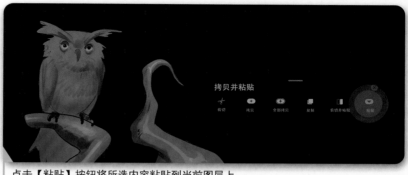

点击【粘贴】按钮将所选内容粘贴到当前图层上

其他有用的手势

清除图层

如果不想通过【图层】菜单来快速清除图层，只须用 3 个手指在画布上左右迅速滑动即可。

隐藏界面

你可以用 4 个手指点击屏幕，以隐藏画布周围的用户界面。当你要查看自己的作品、录制屏幕或传输作品到社交媒体账户时，这是一个有用的功能。重复该手势即可再次显示用户界面。

在屏幕上向下滑动 3 个手指，将弹出【拷贝并粘贴】菜单

吸管

要在画布上选择颜色，只须用 1 个手指按住画布，直到吸管图标出现。然后在画布上拖动手指，即可从任意位置选择颜色。与所有其他手势控制一样，点击【操作】>【手势控制】菜单，可以尝试【吸管】工具的其他快捷方式，或调整保持动作的延迟时间。

用 1 个手指按住屏幕以
打开【吸管】工具

画笔

学习目标

学习如何：

- 创建、使用和调整画笔
- 创建和组织画笔库
- 分享、导入和移动画笔
- 更改画笔大小和不透明度

　　Procreate 带有易于理解和使用的默认画笔，同时还提供丰富的功能来帮助你自定义收藏夹或者创建全新画笔。该软件使用三种主要类型的画笔进行操作，可以在画布屏幕的右上角找到它们。

- 【画笔】工具是最常使用的工具，可以在画布上绘制草图、上色、创建线条和笔触。

- 【涂抹】工具可以使画笔笔触相互混合。

- 【擦除】工具可以删除不需要的笔触，它还可以用于在角色的某些区域添加高光，就像用橡皮擦纸上的炭笔痕迹一样。

画笔库

　　Procreate 在画笔库中提供了许多默认的画笔，可以通过点击【画笔】、【涂抹】或【擦除】图标来获取它们，所有的画笔共享同一个画笔库，因此，你可以使用相同的画笔进行绘画、擦除和涂抹操作。

　　打开画笔库，你将在左侧看到画笔列表以及右侧每个画笔库中包含的画笔。每个画笔下方都会有一个示例笔触的图片，这样可以很容易找到你想要的画笔类型。

角色设计画笔

在创建草图和角色设计时，你可能会发现下列画笔库很有用。

素描画笔库

素描画笔库包含各种不同的像铅笔和蜡笔一样的画笔，这些画笔使用起来非常像使用传统媒介进行绘制。当你为角色勾勒最初的想法时，这些很有用。

上漆画笔库

上漆画笔库提供了许多画笔，可以模拟各种颜料，从油画和丙烯，到水粉和水彩。这些画笔非常适合在角色设计中创建绘画效果。

着墨画笔库

着墨画笔库非常适合微调草图或者绘制交叉排线以创造阴影。在这里你会发现大量的钢笔、墨水和细尖画笔，它们将提供流畅、干净的线条效果。如果线条效果对你很重要，那么书法画笔库也值得研究。

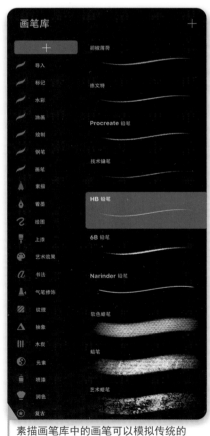

素描画笔库中的画笔可以模拟传统的素描媒介，以获得粗糙、概括的效果

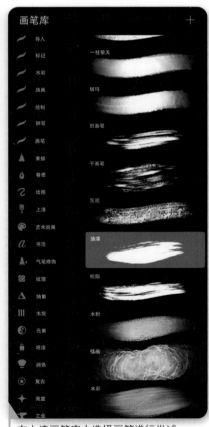

在上漆画笔库中选择画笔进行尝试，以实现不同的绘画效果

管理你的画笔库

创建一个新的画笔库

将相似的画笔组合在一起将提高绘制角色时的效率。要创建新的画笔库，可向下拖动画笔库列表，直至看到顶部出现【＋】图标，点击【＋】图标并将其重新命名以描述它包含哪些画笔，例如"收藏夹"。你可以再次点击该画笔库进行重命名、删除、分享或复制。

将画笔添加到画笔库

找到你要添加的画笔，接着选择并按住它，将其拖到新创建的画笔库中，等待画笔库闪烁并打开，将画笔放入画笔库中。

移动和复制画笔

如果移动任何系统自带的默认画笔到新的画笔库中，它将自动复制且初始画笔仍将保留在默认的画笔库中。但是，任何自定义画笔都会直接从一个画笔库移到另一个画笔库中。如果你希望某个自定义画笔在多个画笔库中可用，需要在将画笔拖到新笔库之前先复制它。

重新排列画笔

如果想要重新排列画笔库中的画笔顺序，只须选择一个画笔，用手指按住屏幕直到该画笔在画笔库中浮动，然后将其拖到画笔库中的任意位置并松开即可。

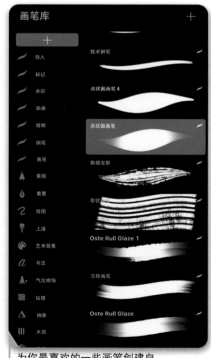

为你最喜欢的一些画笔创建自定义画笔库以提高工作效率

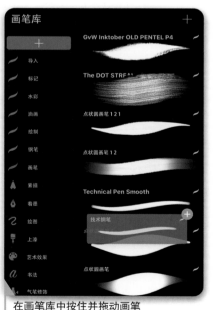

在画笔库中按住并拖动画笔以重新排列它们

尺寸和不透明度

数字绘画的优势之一是能够快速更改画笔的尺寸和不透明度。无论是绘制、涂抹还是擦除，都可以拖动边栏上的滑块来更改当前使用的画笔尺寸和不透明度。

尺寸

边栏顶部的滑块可以控制画笔的尺寸，向下移动滑块可使其变小，向上移动可使其变大。

不透明度

边栏底部的滑块控制当前画笔的不透明度。向下移动滑块可增加其透明度，向上移动滑块可增加其不透明度。

自定义

在边栏的两个滑块之间有一个方形图标。当你点击它时，默认情况是打开【吸管】工具，该工具可以从画布中选取任何颜色。如果你觉得这个功能没用，可以通过点击【偏好设置】>【手势控制】菜单，在弹出的选项面板中自定义该图标。只须激活你希望分配给方形图标的命令，它将替换上一个命令。

此外，如果你是"左撇子"，你会发现将边栏重新定位到画布屏幕的右侧会更便于操作（见第9页）。

移动底部滑块可更改画笔的不透明度

移动顶部滑块可更改画笔的尺寸

自定义图标和手势以适应你的工作方式

颜色

学习目标

学习如何：

- 使用不同的颜色模式，包括色盘、经典、值、调色板和色彩调和来选择颜色

- 从头开始创建调色板

- 从照片或文件中创建调色板

点击画布屏幕界面右上角的圆形色样图标，以打开色彩样板菜单，其底部列出了五种色彩模式。拖动色彩样板菜单顶部的灰色长条按钮可将其与顶部栏分离，这样就可以将它移动到任何地方。点击其右上角的关闭符号会将此浮动菜单最小化到初始位置。

Procreate 提供五种不同的颜色模式，可以选择最适合你工作流程的一种。它们是：

- 色盘
- 经典
- 值
- 调色板
- 色彩调和

本章将剖析每种色彩模式的关键特性，探索你可能更喜欢使用这一种模式而不是另一种模式的原因，或者在绘画时切换色彩模式，在尝试每种模式后找到你最喜欢的方式。

色盘模式

色盘模式以清晰的彩色圆环呈现，以最直观的模式进行展示，可以同时控制色彩的色相、亮度和饱和度。从圆环的外圈选择一个色相，例如黄色。要使选择的色相更亮或更暗，可以使用内圈来更改饱和度和亮度。你可以用 2 个手指放大内圈以便精确地选择，捏合手指即可缩小并返回正常视图。

Procreate 提供了一个巧妙的方式来选择纯色，例如黑色、白色或全饱和度。圆环内圈有 9 个点，你可以通过双击来获得纯色。

圆环下方有一个调色板，便于你直接选择颜色。调色板适用于每种模式，它可以保存你喜欢的颜色以便在使用时快速选择（有关调色板的更多信息见第 26 页）。

在色盘模式下，从外圈选择一种色相，然后使用内圈调整亮度和饱和度

经典模式

经典模式对于经验丰富的数字画家来说很熟悉，3个滑块用于控制颜色的细节属性。顶部的滑块用于控制色相。虽然颜色的饱和度和亮度可以从上面的方块中选择，但 Procreate 还在其下方提供了2个单独的滑块选项来分别调整它们。正方形的4个角包含黑色、白色和纯色，与色盘模式不同，直接点击4个角即可获得，无须双击。

如果你喜欢使用滑块提供的精准控制，但仍希望看到所选颜色的视觉展现，此模式是比较理想的。

值模式

值模式提供6个滑块，在选择颜色时可以提供更好的控制功能。这种模式更适用于设计师，或者如果你有特定的颜色代码也可以使用。

上面3个滑块与经典模式相同：色相、饱和度和亮度。下面三个滑块可调整所选颜色中红色、绿色和蓝色的占比。你可以使用此功能选择和混合颜色。如果你需要使用特定的颜色代码，可以在滑块下方的框中输入十六进制代码。

经典模式提供3个滑块以调整色相、亮度和饱和度

值模式有6个滑块，可在选择颜色时进行最佳控制，或者选择输入十六进制代码

专业提示

【吸管】工具是任何数字角色设计师的必备工具，它可以快速地从你的画布上选取任何颜色。用1个手指按住画布，或点击边栏中的方形按钮来打开【吸管】工具，然后就可以在画布上面拖动吸管环以找到你想要选择的颜色。环的下半部分显示的是当前颜色，而上半部分显示环中心的十字光标拾取的新颜色。

调色板模式

调色板模式可以打开默认或自定义的色板——非常适合保存你最喜欢的和常用的配色。此选项可当作对其他模式的补充，因为默认调色板也在其他模式中。

创建新的调色板

要创建新的调色板，点击【调色板】菜单右上角的【＋】图标，然后点击空白方块放置所选颜色。要删除一个色卡，长按它再松开可以弹出【删除】按钮。创建一个全新的调色板只能在调色板模式下完成，一旦创建它将在所有其他颜色模式中可见，可以向其或任何现有的默认调色板添加新的颜色。

要在其他色彩模式下编辑或添加颜色到调色板，只须点击调色板末尾的空方块即可添加一个你当前所选的颜色。若要替换现有的某个色卡，可通过选择并按住现有色卡，直到弹出一个面板，然后点击【设置当前颜色】即可替换现有的色卡。

导入调色板

点击【＋】图标能够从现有的文件和照片，或者相机拍摄的新照片创建自定义调色板。当你想要基于给你提供灵感的风景或物体为角色创建初始调色板时，这个功能会非常有用。

保存和重命名调色板

创建调色板后，点击【...】图标，在弹出的面板中点击【设置为默认】按钮会将其设置为在其他色彩模式下显示的调色板。除此之外还有【分享】和【删除】按钮。点击调色板左上角的文字区即可重命名以保持调色板井然有序。

调色板模式提供了色卡集，可使用默认调色板或创建自己的调色板

点击【＋】图标可从另一个文件或照片导入调色板

色彩调和模式

色彩调和模式是新添加到Procreate的颜色模式菜单中的。对于那些认为自己对颜色搭配有点不知所措，但仍想在数字绘画中创造和谐色彩的用户来说，它非常有用。

色盘由所有可用的色相组成，从中心的灰色和饱和度较低的颜色到边缘饱和度最高的色相。可根据自己的喜好调整色盘下方的滑块来控制每种色相的亮度值。

这种模式的美妙之处在于它提供了和谐的颜色集，可以帮助你改善颜色选择。如果点击【颜色】菜单下方的【互补】，将弹出5种可使用的配色模式：互补、补色分割、近似、三等分和矩形。如果在色盘上拖动一个点，其他点将自动移动到保持正确的和谐颜色的位置。

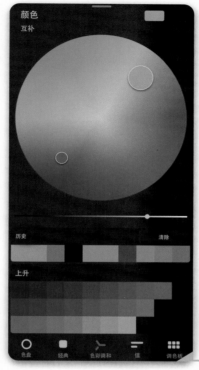

色彩调和模式提供5种流行的色调和谐选择，非常适合想要在角色设计中创建和谐色彩搭配的初学者

专业提示

使用色彩快填之前

使用色彩快填，选择颜色填充角色后

色彩快填是一种用单一颜色填充画布或选区的简单方法。只须将颜色从右上角的图标拖放到画布上就可以用当前颜色填充画布。在画有闭合形状的图层上执行此操作，它将只填充形状的内部或外部。

如果想为角色设计快速创建不同的颜色选项，色彩快填是一个快捷的方法，如果你已经对角色的每个区域进行了正确的分层（有关图层的更多信息见第28页），将新颜色拖到已填涂或晕染过的区域即可改变该部分的色调。你可以使用色彩快填将不同颜色拖放到角色的每个区域，以快速完成上色。

图层

学习目标

学习如何：

- 有效地使用图层
- 创建新图层
- 整理和合并图层
- 阿尔法锁定图层

- 使用图层蒙版和剪辑蒙版
- 更改图层不透明度
- 使用图层混合模式
- 访问其他图层选项

图层是数字绘画的众多优势之一。将它们描述为在画布上"分层"的透明薄片会更形象。当你绘画时，画笔可以在选中的图层上绘画，这使你可以在一个图层上进行绘制，而无须更改其他图层上的内容，从而为创建角色提供了一种更灵活且不具破坏性的方法。

图层功能对于组成角色的所有不同元素非常有用。例如，你可以为线稿、颜色、阴影、高光、特殊效果和背景分别设置单独的图层。每个图层都按照画布右侧的图层弹出框显示的顺序堆叠。

图层面板在右侧显示，列出构成作品的不同图层

图层基础

图层面板

点击【图层】图标将显示图层面板，该图标位于画布屏幕右上角的右起第二个。

创建新图层

创建新图层，点击图层面板右上角的【+】图标，根据你的工作流程，可能会改变创建角色所需的图层数量。每位艺术家在这方面的需求是不同的，有些人会为每个细节创建图层，以避免破坏性的工作；而另一些人则需要很少的图层。可尝试创建图层来构建图像，直到找到适合自己风格的工作流程。如果你对于图层比较陌生，要注意在一开始不要创建太多，以免被大量的图层信息造成混乱。

默认图层

在创建新画布时，你将看到两个默认图层："背景颜色"图层和第一个名为"图层 1"的空白图层。默认情况下，"背景颜色"图层为白色，但你可以在图层面板中点击它从而打开颜色菜单进行更改。"图层 1"是可以在画布上面绘制的第一个图层，在图层上绘制的任何内容都将在图层面板的缩略图上显示。

层数限制

Procreate 对可创建的图层数量设置了限制。这取决于画布的尺寸，更具体地说是取决于分辨率。无论是尺寸还是分辨率（以 dpi 或 "每英寸点数" 来衡量），你想要的越高，能创建的层数就越少。Procreate 这么做是为了确保每个文件的大小性能可得到保证。可以创建图层的数量也取决于所使用的 iPad 类型。例如，对于相同的画布分辨率，第一代 iPad Pro 的图层限制将低于最新一代的 iPad Pro。

取消选中"背景颜色"图层可使背景透明

锁定、复制和删除

用手指在任何图层上向左滑动，将出现以下三个按钮。

删除

点击【删除】按钮将删除选定的图层。只能通过立即点击【撤销】按钮来恢复，否则它将被永久删除。

复制

点击【复制】按钮将创建所选图层及其所有内容的副本。复制的图层将出现在原来的图层下方，名称完全相同。记住要立即为复制的图层重命名以避免混乱。

锁定

锁定图层可防止你以任何方式对其进行操作。如果不先解锁它，将无法对图层进行绘制、调整甚至删除（尽管仍然可以在图层面板中移动它）。如果不想意外地在某些图层上绘制，锁定功能可以为你避免很多麻烦。要解锁图层，只须向左滑动该图层即可出现【解锁】按钮。

在图层面板中向左滑动图层将弹出【锁定】、【复制】、【删除】按钮

图层管理

创建角色时，管理和重命名图层非常有用，可以提高工作流程的效率。

移动单个图层

在顶部图层上绘制的内容都将显示在其下面的图层绘制的内容之上，你可以重新排列图层，改变顶部的图层。要重新管理图层，需按住要移动的图层，然后将其拖到图层面板的新位置后松开即可。

移动多个图层

要移动多个图层，首先要选择想要移动的图层：选中第 1 个图层，用一个手指向右滑动使它高亮显示，然后手指离开第 1 个图层，并向右滑动选择想要移动的其他图层。接下来要移动它们，按住所选图层将它们拖到所需位置即可。

对多个图层进行分组

对图层进行分组，先选择要分组的图层。用一个手指按住并滑动第 1 个图层，然后向右滑动第 2 个图层使图层同时变蓝。以此类推，对要选择的图层执行此操作。接着，点击图层面板右上角的【组】按钮，这将为所选的图层创建组，你可以点击【重命名】来管理图层。

通过在图层面板中上下拖动图层以重新排列

向右滑动可同时选择多个图层

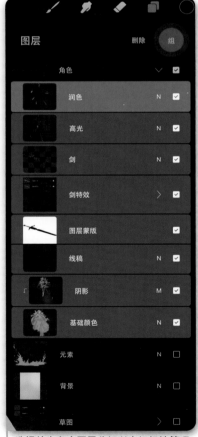

选择并为多个图层分组以有组织地管理图层面板

合并图层

在某个阶段，你可能希望将某些图层合并在一起，无论是为了节省空间还是出于管理目的。当你想同时对多个图层应用某些调整时，这个功能也很有用。合并图层也称为平展，合并图层会将选定的各个图层变成一个图层。尽管可以在执行操作后立即撤销此操作，但进行下一个操作之后你将无法再撤销此操作。因此，只有在完全确定不再需要单独的图层时，才应该合并图层。

要合并两个或多个图层，用 2 个手指分别按住要合并的图层序列的最顶层和最底层，然后将它们捏合在一起，这就可以使中间的所有图层合并在一起。

选择多个图层，接着将其捏合在一起以合并图层

将图层移动到另一个画布

将单个图层或图层组从一个画布移动到另一个画布，需点击并按住要移动的图层或图层组，然后将其拖到图层面板外。你会在右上角看到一个绿色的【＋】图标，表示正在复制此图层或图层组。

接下来，用另一个手指点击打开图库并选择你希望将图层或图层组导入的画布，然后将图层或图层组放到画布中即可完成复制。

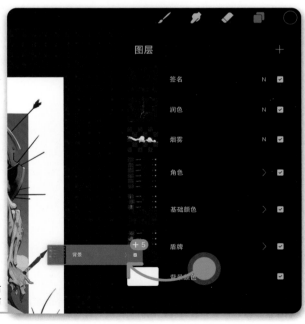

将单个图层或图层组从一个画布移动到另一个画布

图层不透明度和阿尔法锁定

图层不透明度

图层不透明度可以增加或降低所选图层的不透明度。当你绘制了角色草图，并准备进入精细的线稿阶段，或者希望为角色创造一个神奇的效果，又或者希望改变角色上的光照强度时，这会很有用。

有两种方法可以调节图层的不透明度。第一种方法是用 2 个手指点击图层以打开图层的不透明度控件，然后在屏幕上向左滑动以降低不透明度，向右滑动以增加不透明度。

第二种方法是点击图层面板中的图层复选框旁边的字母 N。这将弹出所有混合模式的下拉菜单（有关混合模式的更多信息见第 34 页）。在菜单顶部有一个【不透明度】滑块，向左滑动手指或触控笔会降低不透明度，向右滑动则会增加不透明度。

通过向左或向右滑动来增加或降低图层的不透明度

点击字母 N 以开打图层混合模式菜单，其中有一个【不透明度】滑块

阿尔法锁定

阿尔法锁定功能将锁定图层上的所有透明区域。一旦激活，你只能在现有的像素内绘制。要使用这个功能，只须在目标图层上滑动 2 个手指，或点击图层的缩略图，然后在弹出的菜单中选择【阿尔法锁定】。图层的缩略图将以棋盘格图案显示，表示该图层已打开阿尔法锁定功能。可以通过重复相同的步骤关闭此功能。

这是一个非常有用的功能。例如，为角色绘制了基础造型后，就可以对该图层使用阿尔法锁定，然后在锁定的颜色范围内绘制。这可以让你快速改变角色的颜色、服装或其他配置和道具。请尝试此功能，探索其原理，并了解如何将其集成到你的工作流程中。

专业提示

阿尔法锁定是一个很棒的功能，可以为角色创建干净的轮廓，更轻松地更改线稿的颜色。要在上色时避免破坏角色的轮廓，只须要将线稿图层设置【阿尔法锁定】，然后选择与角色相似的颜色进行绘制，线稿即可很好地融入设计，让角色更具绘画的效果，同时还不丢失线稿细节。

在图层上滑动两个手指以对其应用阿尔法锁定功能

剪辑蒙版

剪辑蒙版是另一个有用的功能，可以提高绘画效率。它们可以将一个图层或一组图层的边界剪辑到基础图层上。每个剪辑蒙版的操作方式和阿尔法锁定功能相似，只允许在选择的基础图层上绘制。但是，阿尔法锁定只能在已绘制好的像素上绘制，而剪辑蒙版可以在不同的图层上绘制，且锁定在父级图层像素形状的下方。

要创建剪辑蒙版，首先点击要剪辑的图层，然后从弹出的菜单中选择【剪辑蒙版】，【图层】面板中的图层左侧会出现小箭头，表示该图层已被设置为剪辑蒙版，箭头指向目标父级图层。为了清晰起见，剪辑蒙版将略微缩进。

在右侧的图像中，基础颜色图层作为父级图层，而装饰、头发颜色、肤色、环境光和阴影等图层构成剪辑蒙版组。所有这些图层的边界都在基础颜色图层内，这意味你不必再担心会画到人物轮廓之外，并且可以保持轮廓的整洁。

小箭头显示被剪辑到父级图层的图层

蒙版

蒙版是一种有用的工具，可以非破坏性地擦除图层的一部分，以适应其他内容。蒙版不会从图层上移除作品内容，而是简单地将其隐藏起来，这意味着如果你改变主意或再次需要它时，它仍然还在。

创建蒙版

点击【图层】面板中的图层，从弹出的菜单中选择【蒙版】，这将创建一个蒙版，在当前图层上方生成一个白色图层。你可以根据灰度值在渐变中隐藏下面图层中的任何内容。如果在蒙版上涂抹黑色，将会完全隐藏图层上绘制的内容，而用白色将再次显示。涂抹灰色只会部分隐藏图层上涂抹的内容。

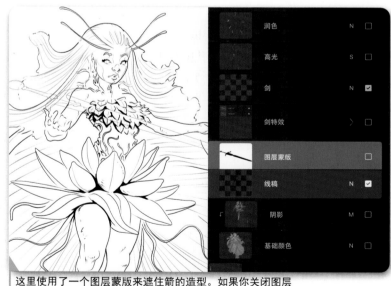

这里使用了一个图层蒙版来遮住箭的造型。如果你关闭图层蒙版，下面的整个线稿仍然完好无损

混合模式

混合模式可以改变图层，使其与下方的图层进行不同的交互，从而创建各种有趣的效果。一些艺术家认为混合模式在创建角色时至关重要，而另一些艺术家则很少使用它们。尝试不同的混合模式，找出最适合你的模式。

点击【图层】面板中的图层上的大写字母【N】，可打开混合模式菜单。【N】代表正常，是未应用混合模式时图层的默认状态。如果想要更改图层的混合模式，【N】将更改为新混合模式的缩写。例如，【M】代表正片叠底。

打开混合模式菜单将显示混合模式列表。下一章节将探讨在角色设计中最受欢迎的几种混合模式，但还有很多有待探索。尝试不同的模式，以了解它们的功能。

正片叠底

正片叠底是一种常用的混合模式。它将当前图层的颜色值与下面图层的颜色值相乘，本质上是使它们变暗。 这使得它成为在基础颜色上创建阴影的绝佳混合模式。这也意味着纯白色不会与下面的图层相互影响而消失，如果你的线稿是在白色背景图层上，并且你想在它下方的图层上上色，这样的操作较为适合。

使用【正片叠底】模式
在基础颜色上创建阴影

滤色

    滤色模式非常适合为角色创建高光。它的作用几乎和正片叠底相反，当前的颜色明度和下面图层颜色的明度成反比，这意味着黑色完全不会影响图层，但是任何比黑色浅的颜色都会使下方的图层变亮。这样可以更好地控制给角色添加的高光的亮度。你可以在设置为滤色模式的图层上绘制高光，然后使用图层不透明度滑块调整它的强度，直到有满意的效果。

使用【滤色】模式为角色添加高光

颜色减淡

乍一看，颜色减淡与滤色的作用类似，但它对下方图层的明度和颜色的处理方式不同。颜色减淡倾向于增加这些图层的饱和度和亮度，这比滤色要极端一点。无论是创造光源还是神奇的氛围，都可用此模式与软画笔结合使用来创建发光的效果。

颜色

颜色模式可以影响下方图层的色相和饱和度。由于颜色模式将保留下方图层大部分的明度结构，因此这是一个为灰度图像着色的很好的工具。

将【颜色减淡】模式与软画笔结合使用以创建发光的效果，如图中剑的效果

使用【颜色】模式为灰度图像着色

其他图层菜单

点击【图层】面板中的图层将弹出【图层】菜单。此菜单提供了可以在该图层上执行的其他操作命令。菜单中列出的命令数量取决于所选图层的类型。该菜单将仅显示与该图层相关的命令。

重命名：用于给图层重命名以方便管理。

选择：将创建该图层上的选区。

拷贝：将复制所选图层的内容（然后可以将其粘贴到其他位置）。

填充图层：将使用当前颜色填充图层（或该图层上的选区）。

清除：将清除所选图层中的内容。

阿尔法锁定：锁定图层中当前的所有像素，这意味着你只能在这些像素内进行绘制（有关详细信息见第 32 页）。

剪辑蒙版：将所选图层剪辑到下面的图层，从而防止你在该图层被剪辑到的当前图层的内容之外进行绘制（有关详细信息见第 33 页）。

蒙版：将隐藏图层的选区部分（有关详细信息见第 33 页）。

反转：将反转图层上的颜色，产生负片效果。

参考：使选择的图层决定色彩快填在其他图层上应用颜色的位置。

向下组合：将当前图层和其下面的图层组合到一起。

向下合并：将选择的图层与其下方的图层合并。

平展：仅适用于组。它将组内的所有图层合并为一个图层。

编辑文本：用于打开文本编辑器，是仅使用于文本图层的命令。

栅格化：会将文本字符转换为像素。同样，它只是文本图层的一个命令。

在图层上点击可弹出【图层】菜单

选区

学习目标

学习如何：

- 使用选区来加快你的工作流程

- 使用自动选区

- 使用手绘选区

- 使用矩形和椭圆选区

- 使用选区修改器

选区工具可以选择画布上的某个区域。要打开选区菜单，点击画布屏幕左上角菜单栏上的【S】图标，选区菜单将出现在屏幕的底部，可以在四种不同的选区模式中进行选择以及实现各个模式下的选区修改器的功能。

选择图像的某个区域后，你只能修改选区内的内容。你能操作的区域取决于你试图做什么。如果希望在特定选区内绘制，则只能在当前图层上操作。如果需要，也可以跨多个图层变换选区。

自动选区

自动选区模式将根据你在画布上的点击位置，自动选择一系列类似的颜色和明度。可以通过增加或减少选区阈值来调整选区的范围。将手指向左滑动可以减少阈值，或向右滑动增加阈值，类似于调整图层的不透明度。一旦调整到合适的范围，点击【画笔】或【图层】图标可返回绘制，你会看到一个动态对角线条纹图案出现，填充了选区之外的范围。如果仍然想要修改选区，只须

按住【S】图标直到选区菜单再次弹出，点击【清除】按钮撤销选区，再重新选择即可。

当你想要选择画面中某些难以手动选择的区域或难以区分的区域时，自动选择功能非常有用。它将帮你选择颜色或明度较相似，但有细微差别的区域。例如，人物肤色的细微变化，或他们身后背景的天空变化。

【自动】模式可用于选择角色在颜色和明度上相似的区域

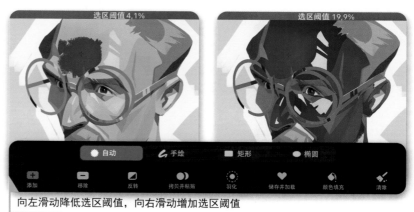

向左滑动降低选区阈值，向右滑动增加选区阈值

手绘选区

　　手绘选区模式可以手动选择画布的区域。在选区菜单中选择【手绘】后，用手指或触控笔在画布上滑动创建选区。

　　要创建更严谨的选区，可先在要选择的区域周围点击一下，设置一个点，然后沿着要选择的区域继续点击添加点位，这些点之间会以虚线连接，从而形成一个多边形，最后点击初始点位，即可完成选区创建。如果还要增加选区，可以继续围绕目标区域点击形成另一个多边形选区。

　　可以将自动选区和手绘选区两种方法结合起来，以实现你想要的任何选区。

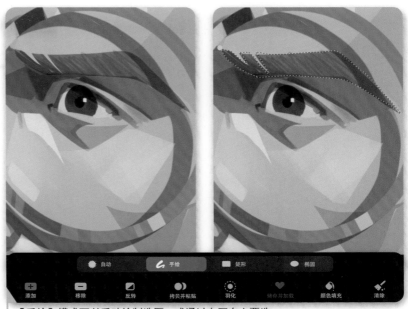

【手绘】模式可以手动绘制选区，或通过在画布上要选择的区域周围点击一系列的点来创建选区

矩形和椭圆选区

　　如果你需要明确的选区，矩形和椭圆选区模式将帮助你实现这一点。这些模式可以选择圆形、椭圆或方形区域。只须从选区模式菜单中点击【矩形】或【椭圆】选项，然后在目标区域拖动所需形状即可。要创建一个完美的圆形选区，可在椭圆选区模式下创建选区，同时用一个手指按住屏幕，将其捕捉成一个正圆形，再将圆圈拖到合适的大小即可。

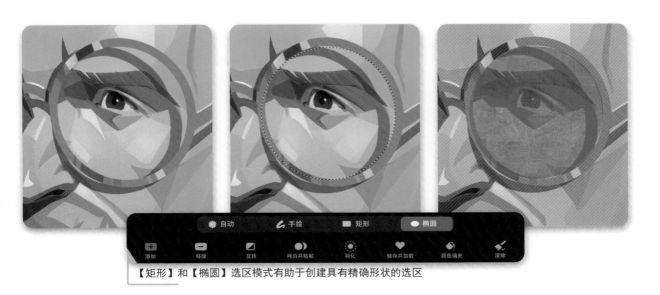

【矩形】和【椭圆】选区模式有助于创建具有精确形状的选区

选区修改器

在每种选区模式下，都能看到一些选区修改器按钮。尝试操作每一个按钮，看看它们能做什么。

【添加】和【移除】按钮对于提高选区的控制和精度很有用。【添加】按钮会将所选区域附加到现有的选区中，而【移除】按钮将从现有的选区中减去所选区域。

【反转】按钮将反转当前选区，选择其他所有内容。

【拷贝并粘贴】按钮将拷贝当前选区并将其粘贴到另一个图层上。

【羽化】按钮是一个有趣的选项，可以柔化选区的边缘以创建出渐变效果。斜条纹图案根据羽化的程度进行柔化和衰减，这将决定渐变效果的柔和度。

【颜色填充】按钮将使用当前选择的颜色自动填充整个选区。

【存储并加载】按钮能够将当前选区保存为收藏夹。当你想在绘画过程中的不同时间选择同一区域时，这很有用。

【清除】按钮将撤销当前的选区，让你重新选择。

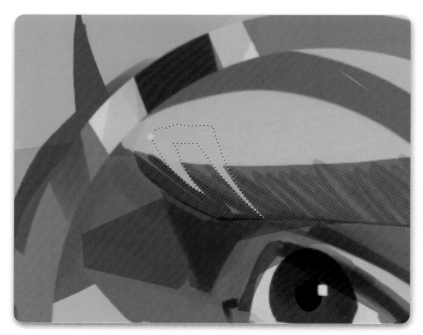

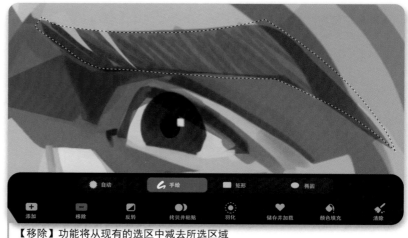

【移除】功能将从现有的选区中减去所选区域

专业提示

羽化。有时候你可能希望创建一个边缘更柔和、更扩散的选区。例如，在绘制魔法光效时，可以使用【羽化】功能创建辉光的效果，而无须调整图层。【羽化】另一个好的用法是，当你想给角色的某个区域添加纹理或细节，但又不想使这些纹理有任何的硬边时，这个功能就很好用。

专业提示

反转选区是填充角色的绝佳选择。首先，使用手绘选区模式创建轮廓角色的边界。接着，使用自动选区选择轮廓的外部。最后可以使用【反转】修改器选择轮廓边界内的所有内容。这比简单地选择边界的内部更高效，因为那样有时候会留下不需要的白色间隙或画笔纹理创建的瑕疵。

围绕角色手动绘制轮廓

选择轮廓之外的所有区域

反转选区，高亮显示角色内部

用选择的颜色填充角色

变换

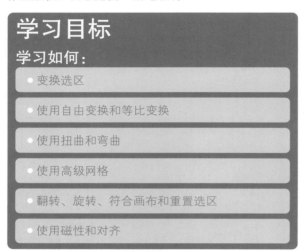

学习目标

学习如何：

- 变换选区
- 使用自由变换和等比变换
- 使用扭曲和弯曲
- 使用高级网格
- 翻转、旋转、符合画布和重置选区
- 使用磁性和对齐

变换工具可以操作选区、图层或图稿的一部分。它与选区工具配合使用可以很好地提高工作流程的效率。要访问变换工具，可点击顶部菜单栏的箭头图标，【变换】菜单将出现在屏幕的底部，该菜单列出了不同的变换模式和选项。

自由变换

自由变换模式可以随意调整所选内容的尺寸、宽度或高度。当你想要压缩或拉伸选区的比例而不影响画布的其余部分时，这很有用。

创建一个对象或选择角色的某个部分或图层，然后点击【变换】图标以弹出菜单。现在选区将由一个边缘带有蓝色节点的选取框包围，按住并拖动蓝色节点可变换选区，拖动角点可以同时调整选区的宽度和高度。

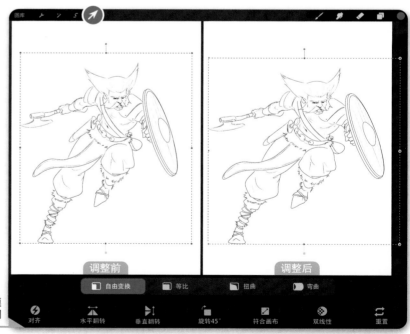

使用【自由变换】模式来改变角色的比例

等比变换

　　与自由变换模式不同，等比变换模式在拖动蓝色节点时会保持选区的比例。当你想要更改角色的尺寸或角色的某些属性而不影响它们的比例时，这个功能非常适合。

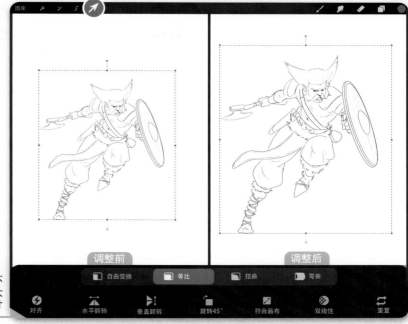

扭曲

　　扭曲模式可以自由变换物体的比例和透视。它类似于自由变换模式，只是变换选取框上的每个蓝色节点都是独立的，并可以创建对角线扭曲。当你想要调整角色道具的比例和尺寸时，这个功能是理想的选择。

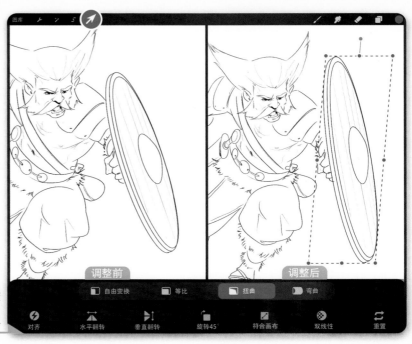

使用【扭曲】模式来变换物体的比例和透视，例如角色的道具

弯曲

弯曲模式可以弯曲选区的边界，甚至在选区内部弯曲。这是一个有用的工具，可用于调整角色的造型，而无须重新绘制。它也是一个能让被选择的物体表现出立体感的好工具。

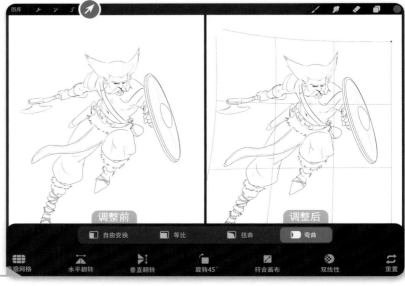

使用【弯曲】模式
调整角色的造型

变换选项

除了主要的四种变换模式，变换选项还可以让你更详细地修改每种模式。这些选项显示在变换菜单中，位于屏幕底部每种变换模式的下方。

高级网格

在弯曲模式下，可以选择【高级网格】选项以更好地控制你希望弯曲或扭曲的区域。

对齐

【对齐】选项是 Procreate 中相对较新的一个工具。可以在自由变换、等比和扭曲模式下找到对齐图标。此选项可以将选区对齐到画布的边界或其他图层的边界。这是创建角色演示文稿的绝佳工具。

磁性

【磁性】选项位于自由变换、等比和扭曲模式中的【对齐】选项下。启用磁性功能可以在固定约束内变换物体，例如以 15% 的增量旋转物体、以 25% 的增量缩放或在一定程度上移动选区。

水平翻转和垂直翻转

【水平翻转】和【垂直翻转】选项一目了然，如果你正在创作对称物体，这些选项非常有用。

旋转 45°

【旋转 45°】选项可将物体旋转 45°，可以多次执行此操作以进一步旋转对象。

符合画布

【符合画布】选项会放大选区，直到它适合画布边框。可以将其调整到适应高度或宽度，具体取决于【磁性】按钮是打开还是关闭。

插值

此选项决定了转换物体像素的准确度或锐度。共有三个选项，菜单中的名称会根据激活的选项而变化：

- 最近邻
- 双线性
- 双立体

从第一个选项到第三个选项，转换物体的清晰度将会增加，但生成转换的计算时间也会增加，从而对系统造成更多负担。Procreate 默认选择【双线性】模式。

重置

【重置】选项将撤销任何变换，将物体恢复为初始状态。

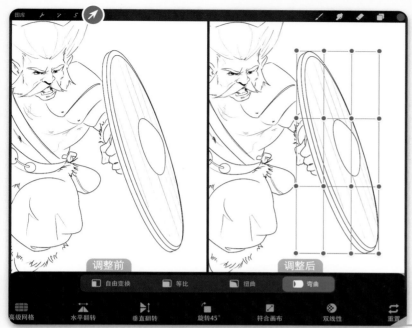

【高级网格】选项可以更好地控制你希望弯曲或扭曲的区域

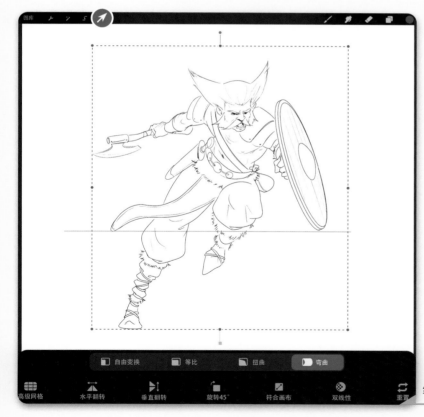

【磁性】选项可以在固定约束内变换角色或物体

调整

作品版权：安东尼奥·斯塔帕特

调整功能可以通过改变画面来提升作品的效果。它们可以应用于特定的图层或选区，有些则应用于整个图像效果更好。点击屏幕上方菜单工具栏上的魔术棒图标，弹出【调整】菜单以及各种选项。在这些调整选项被随机列出来之前，最新版本的Procreate已经将它们按照特定类别划分，主要包括颜色调整、模糊效果、置换效果、液化和克隆。除了液化和克隆效果，当你第一次点击它们，所有的效果都会要求你在【图层】和【Pencil】之间进行选择。【图层】模式可将设置应用于整个图层，而【Pencil】模式可以用画笔在特定区域应用修改。后者的应用有点复杂，却可实现有趣的效果。例如，使用纹理画笔结合【色相、饱和度、亮度】选项来调整。

色相、饱和度、亮度

色相、饱和度、亮度（HSB）是一种颜色调整功能，可更改图层的颜色或明度。与颜色平衡、曲线和渐变映射一起构成了【调整】菜单的顶部选项。点击【调整】>【色相、饱和度、亮度】菜单将弹出一个带有三个滑块的面板。色相滑块能够改变图层的颜色；饱和度滑块可增加或减少颜色的强度；亮度滑块可改变颜色的明度。

通过调整【色相】、【饱和度】、【亮度】滑块更改角色设计的颜色或明度值

颜色平衡

　　颜色平衡对颜色变化提供了更多的控制，可以应用于图层或角色设计。它可单独控制作品的高光、中间色或阴影中红、绿和蓝的数值，为角色提供了一种强大的创建不同的颜色的方法。

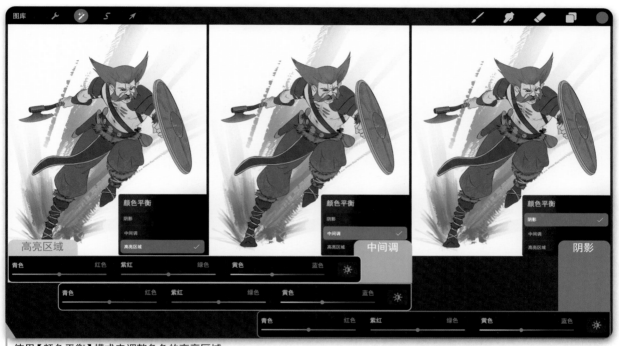

使用【颜色平衡】模式来调整角色的高亮区域、中间调和阴影中红、绿、蓝的数值

专业提示

颜色平衡是平衡调色板的一个好工具。如果你不熟悉色彩构图，颜色平衡可以帮助你为角色的每个组成部分找到正确的色调。此外，如果正确地使用图层，颜色平衡可以让你快速设计出不同的服装效果。

曲线

曲线的作用类似于颜色平衡，可以调整作品的色调或颜色。不过，该功能是使用直方图而不是滑块进行调整，这对调节阴影、中间色和高光的数值提供了更精确的控制。可编辑选项有伽玛（图像整体的 RGB 色调和对比度）、红色、绿色和蓝色。直方图的默认设置是显示一条对角线，点击对角线可在该线上创建一个点，你可以向上或向下拖动该点。操控对角线的顶端将调整作品的高光部分，中间区域调整中间色调，而下端部分可调整阴影。

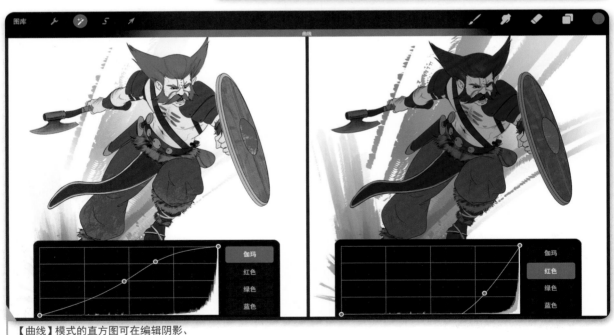

【曲线】模式的直方图可在编辑阴影、中间色和高光时提供更多的控制

渐变映射

渐变映射是 Procreate 的一项较新的功能，它可以在固定值的像素上应用颜色渐变。点击【渐变映射】选项将会弹出一个带有不同模板的菜单。选中其中任意一个模板，都会显示一个渐变滑块，表示颜色应用的数值。向左或向右滑动滑块上的方形标记将改变颜色和作品色阶的反应方式。例如，从蓝色到粉色的简单渐变会将蓝色应用于阴影，将粉色应用于高光。另外，还可以为渐变指定不同的颜色和明度，以获得更复杂、更微妙的效果。

如果点击滑块任意一处，将创建一个新的方形色点，点击方形色点将弹出颜色模式面板，你可以为渐变点指定新颜色。方形色点之间的颜色将自动渐变填充。尝试使用渐变映射调整并探索其可能性，例如，渐变贴图可以快速为灰度图着色。

使用【渐变映射】滑块改变颜色和角色色阶的反应方式

高斯模糊

　　高斯模糊属于模糊滤镜类别，是模糊效果列表中的第一个选项。此调整可以均匀模糊所选图层或该图层中的选定区域。高斯模糊有多种用途，它用得最多的是在背景、中景和前景之间创建画面的深度。例如，可以使用高斯模糊功能将背景模糊，让角色成为视觉中心点。要做到这一点，可选择背景图层，然后点击【调整】>【高斯模糊】菜单，接着从左到右滑动手指以增加或减少模糊效果。

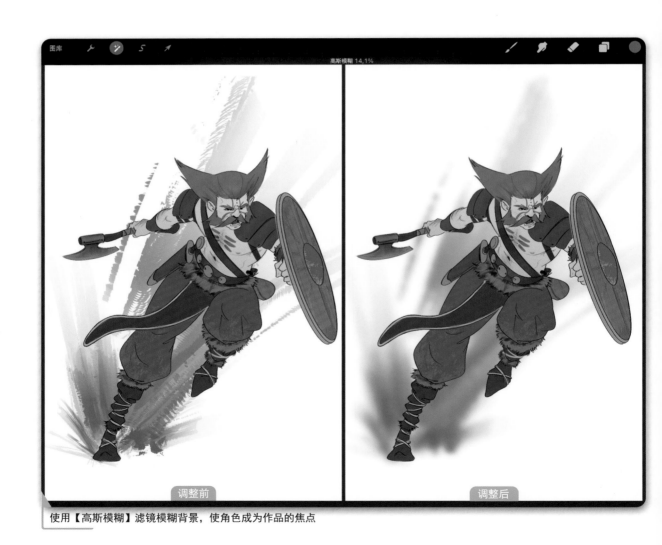

使用【高斯模糊】滤镜模糊背景，使角色成为作品的焦点

动态模糊

　　动态模糊滤镜的工作方式与高斯模糊相似，但它可以在你设定的方向上模糊局部的像素，该方向由你的手指在屏幕上移动的方向决定。这是一个很好的工具，可以为作品添加运动或速度的效果。点击【调整】>【动态模糊】选项，然后将手指向希望应用模糊效果的方向滑动即可。在该方向上滑动的越多，模糊的效果就会越重。

使用【动态模糊】滤镜为角色添加运动和速度的效果

透视模糊

透视模糊也是一种在某个方向制造模糊效果的滤镜。然而，它不是由手指的移动方向决定的，而是通过在画布上滑动一个小圆圈来实现。默认情况下，透视模糊效果从圆心向外辐射，距离中心越远，效果越强。通过手指从左向右滑动来控制应用的模糊量。在屏幕底部还有一个【方向】选项，可通过圆圈和滑块来控制效果，圆圈可以将模糊集中在特定方向上。尝试使用模糊调整功能，了解它们是如何工作的以及如何使用它们来增强角色的表现力。

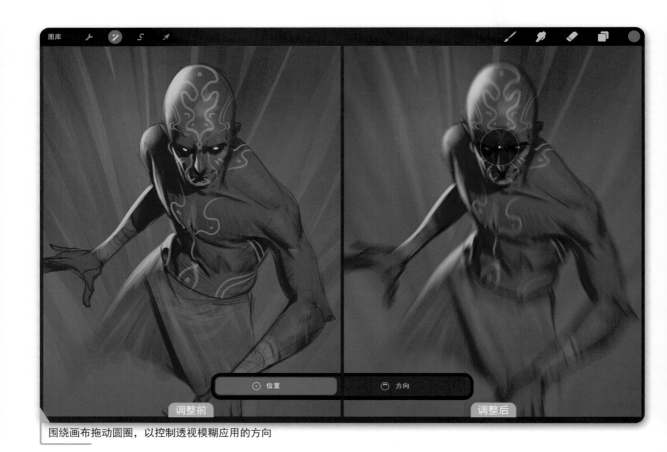

围绕画布拖动圆圈，以控制透视模糊应用的方向

杂色

杂色滤镜会改变所选图层上所有的当前像素，创建出颗粒状或噪波的效果，让你的作品看起来更有质感，减弱数字化的效果，就像旧照片或模拟胶片一样。点击【调整】>【杂色】菜单，然后用手指向右或向左滑动以增加或减少杂色的数量。

当杂色与高斯模糊结合使用时，杂色还能给作品带来更具纹理的感觉。再次强调一下，适度最关键。应用杂色和高斯模糊的混合比例要把控好，否则结果可能看起来过于虚假，并会影响你的画面和绘画效果。

调整前

杂色效果

杂色和高斯模糊

【杂色】滤镜可以给角色创建一个真实的，像照片一样的效果

锐化

锐化滤镜可增强相邻像素之间的对比度，使图像边缘更清晰，对比度更高。与其他调整选项一样，点击【调整】>【锐化】选项后，可以向左或向右滑动以增加或减少效果的强度。要小心使用，虽然一直向右滑动很吸引人，但是过度锐化会使图像看起来过于颗粒化。适度是关键！

【锐化】滤镜可以使角色设计更清晰，但不要过度使用

泛光

　　泛光滤镜可以在作品的高光周围创建眩光或大气辉光的效果,类似于图层混合模式中的【添加】或【颜色减淡】功能。它能模拟在摄影和视觉效果中看到的"绽放"的照明效果。就像明亮的光源在物体周围透出光线,并发出模糊的辉光。

使用【泛光】滤镜为角色添加大气辉光

故障艺术

　　故障艺术是一种有趣的调整效果，它以破坏性的方式偏移图层上的像素，创建出故障效果，就好像文件已被损坏一样。这些功能非常适合在未来派或科幻角色设计中进行实验。故障艺术有四种选择模式，每种模式可生成不同的偏移位置，尝试这些模式，看看能创造出什么效果！

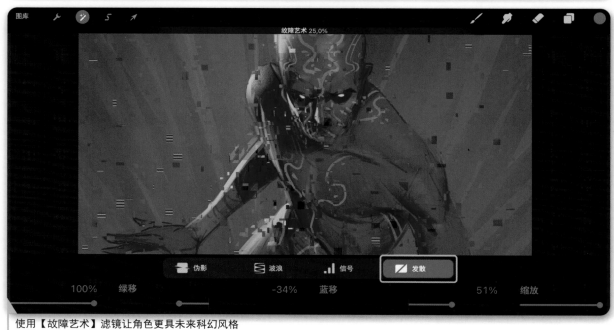

使用【故障艺术】滤镜让角色更具未来科幻风格

半色调

　　半色调滤镜可以给图像添加灰度或彩色半色调。你可以对图像或单独的图层应用复制半色调，以创建波点图案，这让人想起复古印花、波普艺术和复古漫画。在【半色调】菜单中选择【全色】、【丝印】或【报纸】选项，找到最适合你的角色设计的风格。

【半色调】滤镜可以用来给你的角色设计增添复古风格的丝网印刷效果

色像差

"色相差"这个词来源于摄影，指的是由于相机镜头故障引起的视觉缺陷，因为镜头无法将所有原色聚焦到同一个点，从而在物体的边缘产生轻微的颜色偏移。它通常在数字绘画中被模拟为一种电影的效果，通常是未来主义的风格。

与故障艺术滤镜相似，色相差可以以两种方式置换图层中的像素。其中【透视】模式将会使像素在离圆圈中心越远的位置偏移。【移动】模式可以通过手指在屏幕上滑动以手动置换克隆的物体。

与其他调整效果类似，应采取少即是多的方法，虽然这是一个有趣且受欢迎的效果，但被过度使用可能会很难看。

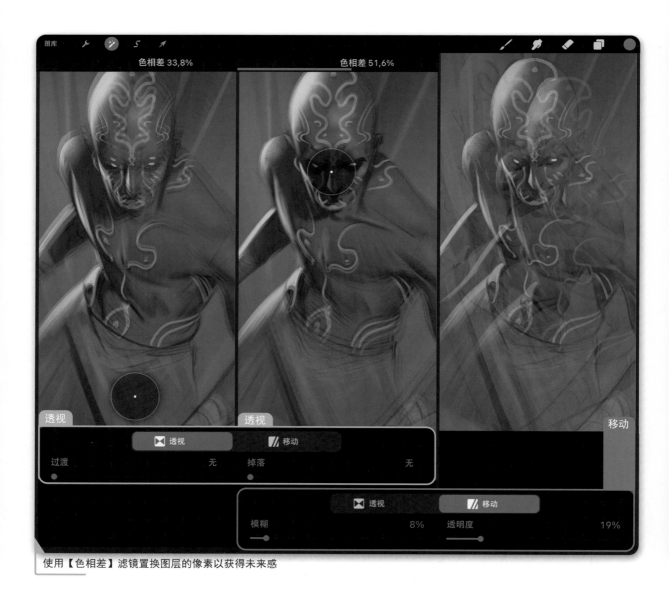

使用【色相差】滤镜置换图层的像素以获得未来感

液化

液化滤镜是一个非常受欢迎且强大的调整工具。它可以手动置换所选图层、选区或选区中不同图层的所有像素。你可以使用这个功能来实现从细微结构的调整到扭曲的奇特效果变化。

点击【调整】>【液化】菜单弹出液化界面，其中为置换选区的像素提供了许多选项。

推

【推】选项是默认模式，也是最常用的模式，可以控制像素移动的量和范围。例如，使用它推动、调整和弯曲角色，以纠正它的结构，使它看起来更自然。

【尺寸】滑块可以增大或减小液化画笔的大小，从而影响一次操作的像素量。【压力】滑块决定效果的强度，通常保持在100%，因为Apple Pencil 具有内置的压力感应，也可以控制效果的强度。

通过【推】选项可调整角色的表情，无须重新绘制所有内容

顺时针转动与逆时针转动

　　转动是另一种创造性的液化模式，可用于添加有趣的效果（尤其是背景效果，如图所示）。调整【失真】和【动力】滑块将改变液化工具的行为。【失真】选项增加了液化效果的随机性，而【动力】选项决定手指或触控笔离开屏幕后应用效果的时间长度。

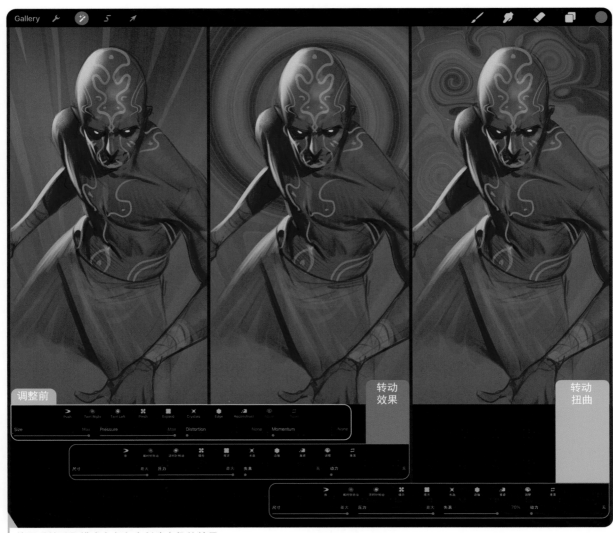

使用【转动】模式在角色中创建有趣的效果

克隆

克隆功能可以使用选择的画笔绘制你所选区域的副本。点击【调整】>【克隆】菜单，注意画笔图标如何变成带星星的画笔。选择画笔并将克隆圆圈移动到你希望克隆的图层或区域。接着，在画布的任何地方开始绘制，观察圆圈内的区域是如何复制的。

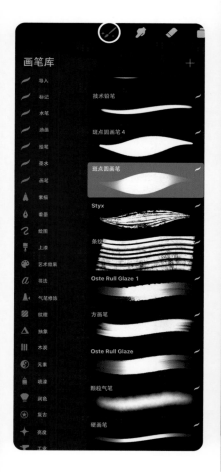

使用【克隆】功能在画布的其他区域复制角色的一部分

操作

学习目标

学习如何：

- 添加文本
- 使用绘图指引
- 使用绘图辅助
- 自定义偏好设置
- 导出作品的缩时视频
- 使用速选菜单

点击屏幕上方工具栏的扳手图标，将弹出【操作】菜单，这个菜单包含一系列选项，可以为画布添加文本，设置个性化的 Procreate 体验以及导出作品的缩时视频等。

点击扳手图标以弹出
【操作】菜单

添加

打开【操作】菜单将出现选项卡列表，第一个选项卡是【添加】，此选项卡包含以下功能：

· 将 iPad 或云端中存储的文件作为新图层插入画布。

· 插入设备照片库中的照片，同样以一个新图层添加。

· 拍摄一张照片并插入画布，选择后将打开设备的摄像头。

· 添加文本。

· 剪切或拷贝选区（也可以使用手势控制操作，见第 18 页）。

· 拷贝整个画布。

· 粘贴任何拷贝或剪切的内容。

添加文本

创建角色时，添加文本非常有用，尤其是在需要一些标签和注释的概念设计列表中。点击【操作】>【添加】>【添加文本】菜单，即可创建一个带有"文本"两字的新文本图层。文本的颜色取决于当前在色彩面板中的颜色。

要改变文本的格式，点击键盘菜单右侧的【Aa】图标。这将弹出【编辑格式】菜单，你可以从中调整字体及其样式、设计和字体属性。还可以选中文本，通过点击色彩面板并选择喜欢的颜色来更改它的颜色。

将文本添加到角色作品中，然后选择你喜欢的字体、样式和颜色

画布

点击【操作】>【画布】菜单可打开【画布】选项卡，你可以从中查看和编辑画布的属性。这些选项包含裁剪并调整画布大小、翻转画布、打开画布上的参考和绘图指引。

裁剪并调整大小

【裁剪并调整大小】选项可通过拖动修改画布的大小到所需大小。更多的控制可以通过点击右上角菜单上的设置选项手动更改尺寸。还可以使用该菜单底部的滑块旋转画布。每次调整画布大小时，Procreate 都会显示一个图层计数，该计数显示在选定的尺寸和分辨率下可使用的最大图层数。

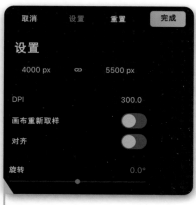

使用【裁剪并调整大小】选项卡调整画布大小，注意更新的图层计数

水平翻转

【画布】选项卡中包括水平翻转画布的选项。这可以让你以全新的角度观察角色，注意到可能遗漏的比例或设计上的错误。

画布信息

在【画布】菜单的底部可以看到【画布信息】选项，可以用于查看图像的文件大小、使用的图层数、画布尺寸和跟踪时间等详细信息。跟踪时间有助于了解实际完成一幅画所需的时间。

参考

参考是Procreate的新功能，点击【操作】>【画布】>【参考】菜单，将在画布上弹出一个新的浮动小窗口，其操作方式与Adobe Photoshop中的导航面板类似，可以查看整个画布的小概览。当你想在不缩小工作区域的情况下查看整个作品时，这很有用。

更重要的是，你可以使用此窗口从设备图库中导入照片或图像，在工作时用作参考。但是，你要知道，将照片作为参考导入将被当作画布上的一个额外图层。

翻转画布可以帮助你检查设计中可以改进的元素

移动参考窗口

导入图像作为参考

使用【参考】功能导入照片或图片，作为在创建角色时的参考

绘图指引

　　【画布】菜单的另一个非常有用的命令是【绘图指引】，它提供了网格作为绘图辅助。激活后，画布上将出现一个方形网格，【编辑绘图指引】选项也将在同一菜单中被激活。点击【绘图指引】命令将打开编辑界面，可以在其中选择指引类型及其所有属性，可选项有 2D 网格、等距、透视和对称等。这些选项的操作都非常简单，并具有共同的属性，例如，指引线的颜色、粗细度和不透明度。

2D 网格

　　2D 网格是由均匀分布的垂直线和水平线组成的网格。如果要将画布等分，或者需要在任意方向上绘制完美的直线，此网格非常好用。

等距

　　等距网格由垂直线和对角线组成，形成立方体和菱形，可以更容易地绘制平行对角线，因此你可以以等距方式绘制诸如建筑物之类的主题，这是一种在手机游戏和体素艺术中非常流行的视觉方法。是手机游戏中非常流行的投影模式。

透视

　　到目前为止，透视是 Procreate 中最有用的工具之一，它可以为一点透视、两点透视或三点透视的场景提供辅助。你可以通过点击屏幕添加消失点，拖动消失点以重新定位，然后点击消失点选择删除。当创建多个角色和物体或复杂背景的场景时，该功能十分有用。

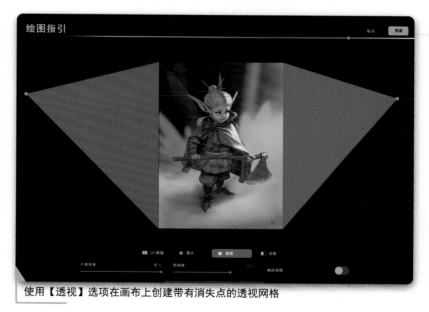

使用【透视】选项在画布上创建带有消失点的透视网格

对称

【对称】选项可以选择要使用的对称类型（垂直、水平、四象限或径向），还可以启用或关闭【轴向对称】选项。当启用【旋转对称】时，你可以看到笔触的对角镜像，而不是直接面对你当前正在绘制的内容。对称功能非常适合在角色上创建有趣的细节。你可以使用对称功能在单独的图层上创建复杂的图案，然后点击【变换】>【扭曲】菜单，将该图层应用到角色上。

使用不同的对称类型在
角色上创建对称细节

专业提示

【绘图指引】可以捕捉所绘制的线条，这在构建透视场景或尝试绘制直线时非常有用。可以通过启用【图层】选项菜单中的【绘图辅助】来实现这一功能。

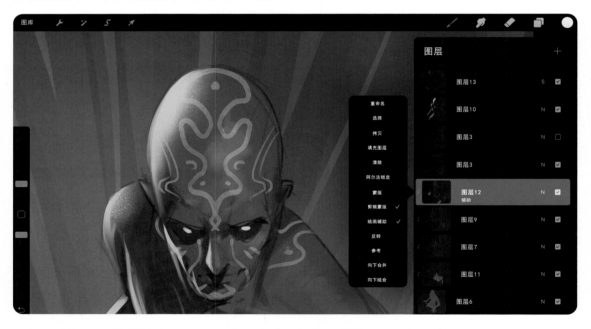

视频

Procreate 与其他数字绘画应用程序不同，它默认为作品的绘制过程提供缩时视频。打开【操作】>【视频】选项卡，然后启用【录制缩时视频】（默认为已启用），Procreate 会将你在文件中所绘制的每一笔或操作记录作为视频的一个步骤。这为艺术家提供了巨大的便利，你不仅可以回顾自己的绘制过程，还可以与他人分享这些视频，甚至将其用作教学工具。要观看当前作品的缩时视频，点击【缩时视频回放】选项即可。用手指在屏幕上左右滑动可控制视频往前或往后回放。要导出视频，点击【导出缩时视频】选项即可。Procreate 提供了导出全长视频或 30 秒压缩版本的选项，选择导出选项后，再选择要存储视频的位置，即可将视频导出。

从所创建角色的缩时
视频中回顾学习

偏好设置

【偏好设置】选项卡有一些用于定制和改善使用 Procreate 体验的选项。

如果你不喜欢 Procreate 默认的深色界面，【浅色界面】选项提供了另一种选择。

【右侧界面】选项可以切换尺寸和不透明度滑块的侧栏位置，这样你就可以使用不拿画笔的手来操控它们。

【画笔光标】选项开启或关闭时可在绘制时显示或隐藏笔尖的边缘。

【投射画布】选项可以在与其他设备共享屏幕时投射画布，且不显示界面。

【连接传统触控笔】选项一目了然，如果你没有 Apple Pencil，就需要用这个功能。

【压力与平滑度】选项可以调整画笔的压力。

探索【偏好设置】选项卡中的选项，定制你的 Procreate 体验

专业提示

压力敏感度曲线。应用对【压力敏感度曲线】进行个性化设置，使 Procreate 的敏感度与你在绘制时使用 Apple Pencil 或触控笔的习惯相匹配。默认情况下，压力敏感度曲线是从左下角到右上角的对角线，可以通过向上或向下拖动曲线来编辑。如果你在画画时，用力比较大，可以拖动线的中间部分，形成一条向下的"U"形凹线，以降低压力的敏感度；如果你用力比较小，从中间拖动对角线使它呈"n"形凸起，使其压力反应更敏感，以捕捉更轻微的笔触。

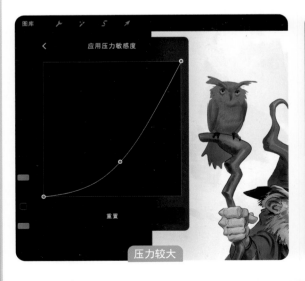

压力较大

压力较小

手势控制

【偏好设置】选项卡的最后一个选项是【手势控制】，用于自定义 Procreate 的各种手势操作，以优化你的工作流程。例如，你可以自行定义【涂抹】工具，以便在用手指而不是触控笔触控屏幕时切换到它，还可设置辅助绘图手势或更改打开【吸管】工具的方式。

对于拥有第二代 Apple Pencil 的人来说，【速选菜单】非常实用。点击【手势控制】>【速选菜单】菜单，指定一个手势，例如，触摸可打开该操作的选项菜单。你可以自定义【速选菜单】，以包含你最常用的操作。

一个【速选菜单】菜单选项可以有 6 个快捷方式，但你也可以选择使用多个速选菜单。点击【速选菜单】选项的中间方块会弹出一个小菜单，可以让你创建额外的速选菜单。如果你在绘制时需要与涂色或制作动画使用不同的菜单，这将很有用。

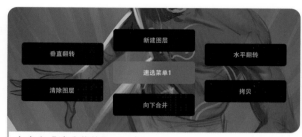

自定义【速选菜单】，以包含最常用的操作和工具

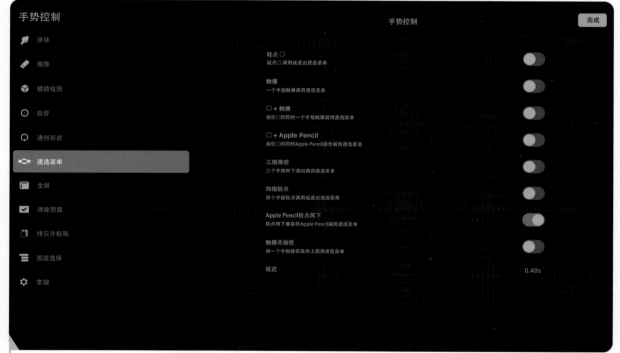

在【操作】>【偏好设置】>【手势控制】菜单中自定义每个手势和操作的方式

角色设计重点

工作流程

学习目标

学习如何：

- 在基础造型上构建角色
- 创建草图和精确的线稿
- 在单独的图层上添加颜色
- 在单独的图层上添加阴影、细节和纹理

01

　　用画笔库中的画笔开始快速绘制角色。要专注于绘制整体形状，而不是细节。将头部绘制成一个椭圆形，下颌线则由三角形组成。先画一个圆角矩形，使其看起来像一个带肋骨的简化胸部。接着往下画一个菱形形状并连接到胸部，看起来很像玩具娃娃的零件。使用菱形形状绘制四肢，加宽以显示肌肉，在关节连接处要缩小。这些形状的线条也要显示出关节的曲度，比如肘部和膝盖。

最初的角色草图应该是粗略的描画，注重造型而不是细节

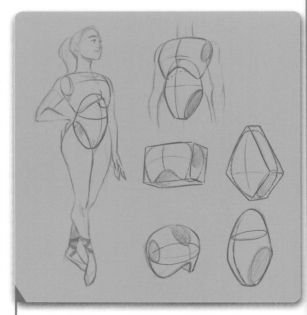

用基本形状构造角色，将躯干分为两个部分

02

用基本形状构建角色草图完成后，下一步就是在此基础上画一个更清晰的草图。如果你对设计感到满意，并对你的素描能力充满信心，这可以成为你的线稿。将两个草图的图层不透明度降低到10%～20%左右，这样它们仍然可见，但不会与细节度更多的线稿融合，将其作为下一个阶段的参考。为线稿创建一个新的图层，选择【着墨】>【干油墨】画笔。这种画笔将创建带有轻微纹理的精确线条，非常适合绘制精细的线稿或细节更多的草图。

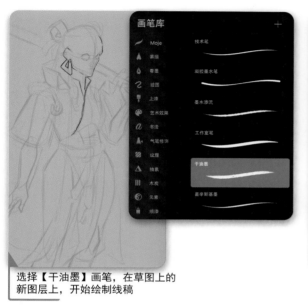

选择【干油墨】画笔，在草图上的新图层上，开始绘制线稿

降低草图的不透明度

03

在创建更细致的线稿时，要专注于线条。可使用平滑、柔和、圆润的线条使角色显得友好、亲切和温柔；或者使用尖锐、笔直、棱角分明、果断的线条让角色显得强壮、固执、激进或充满敌意。第三种方法是将光线、圆滑的线条和锐利的线条结合起来，创造出一种节奏。这个角色的衣服、头发和剑的形状由流畅的线条组成，与腿部、手臂和五官的直线线条相平衡。

该角色由曲线和直线组成

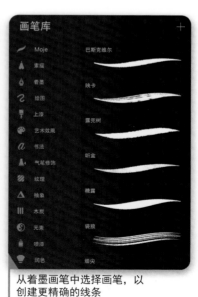

从着墨画笔中选择画笔，以创建更精确的线条

04

绘制完线稿后，就可以给角色上色了。关闭所有草图图层的可见功能，只留下线稿图层。将线稿图层的不透明度降低到30%～40%左右，并将其混合模式设置为【覆盖】。从头发开始上色，选择颜色并使用锐利的画笔勾勒出头发的形状，然后从色盘中拖动一种颜色进行填充。要为每一种颜色或身体部位创建一个新图层，并考虑如何使用对比色，例如，用红色和绿色，使设计感更强。线稿仍然在下面的图层轻微可见，让你可以区分不同的形状，并用正确的颜色填充每个部分。

为每种颜色、每个身体部位或物品都分别创建新图层

降低线稿图层的不透明度，并设置为【覆盖】模式

05

添加基础颜色后，可以将图层分为一个颜色组，以保持图层面板的整洁。下一步是添加一些简单的阴影。创建一个新的蒙版图层，这将便于你在阴影上绘制，而不会超出线稿。为此，要合并颜色组，但只是暂时合并。接下来，选择该图层并点击【选区】图标选择整个剪影，然后点击【操作】>【添加】>【拷贝】菜单拷贝此剪影。撤销合并的颜色图层，再次拥有单独的图层，然后点击【操作】>【添加】>【粘贴】菜单，将先前合并的剪影粘贴到新的图层上。在剪影的新图层上，再次点击【选区】图标，选择要绘制阴影的图层，然后选择【蒙版】选项，创建一个带角色剪影的轮廓。删掉用于创建蒙版的图层，这样你就有了更多可用图层。接下来，将图层模式设置为【正片叠底】模式，并将其不透明度设置为30%～50%。使用深蓝色或紫色绘制清晰的阴影，为图像增加一些深度。可使用边缘锐利的画笔，例如【着墨】>【干油墨】画笔。

绘制阴影时创建蒙版以保持之后的涂画都在线稿内

阴影将为角色增加深度

06

现在可以使用【气笔修饰】中的画笔为角色添加颜色，例如【中等硬气笔】画笔。在需要绘制的图层上启用【阿尔法锁定】，锁定在已创建的形状内绘制和着色。此画笔用于创建带有轻微渐变或纹理的干净、简单的色块。在角色的衣服或剑上添加细节和纹理，确保每个细节和纹理都在各自的新图层上，并尝试使用图层混合模式使画面效果更好。在一个单独的图层上添加边缘光，将其混合模式设置为【添加】。

使用【中等硬气笔】画笔添加颜色

在单独的图层上添加细节和纹理

将图层混合模式设置为【添加】，在角色周围创建边缘光

终稿

嘴唇

01

嘴唇有不同的形状和大小，可以是薄的或饱满的，大的或小的，带有明显的"丘比特之弓"或更圆的形状。它们的外形也会随着年龄的变化而变化。年轻人的嘴唇可能柔软光滑，但老年人的嘴会因皮肤失去弹性而干瘪。随着年龄的增长，嘴唇通常会变得更窄、更不圆润，嘴唇上和其周围会形成皱纹，嘴角和脸颊都会有轻微下垂。刻画老年人时，可使用略微倾斜的线条，并在嘴唇上添加深的皱纹。

学习目标

学习如何：

- 勾勒出嘴唇的形状

- 给嘴唇填充颜色，并为其添加光影

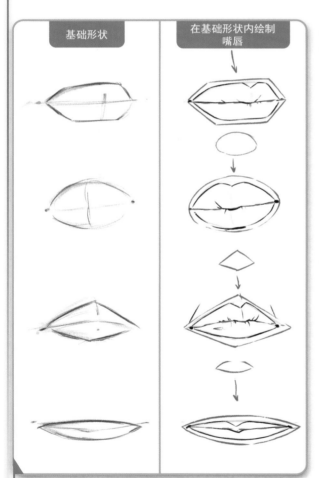

基础形状	在基础形状内绘制嘴唇

嘴唇形状各异，从饱满圆润到干瘪单薄

细化形状	最终草图

有些嘴唇是偏圆形的，而另一些则有一个明显的"丘比特之弓"

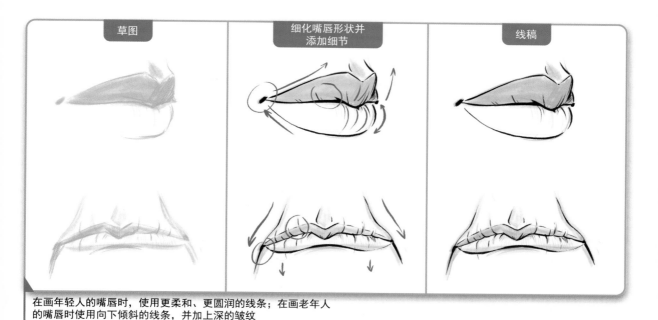

草图	细化嘴唇形状并添加细节	线稿

在画年轻人的嘴唇时，使用更柔和、更圆润的线条；在画老年人的嘴唇时使用向下倾斜的线条，并加上深的皱纹

02

选定要画的唇部类型后，首先沿嘴的长度画一条水平线，然后在中间用一条垂直线标出嘴唇的上下高度。接下来，用圆弧线标出上唇线和下唇线。降低此草图的不透明度，将其作为参考，在其上创建新图层以绘制更多的细节。

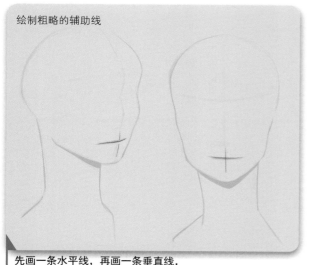

绘制粗略的辅助线

先画一条水平线，再画一条垂直线，作为唇部位置的大概辅助参考

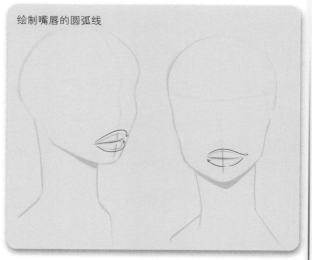

绘制嘴唇的圆弧线

03

下一步是标记嘴唇的中心点，即"丘比特之弓"。方法是在上唇中心画一个向下的箭头形状，在水平线上画出另一个不那么尖的箭头。接下来，在水平中心线的两端各画一个点来标记嘴角，用来标明嘴唇的大小和长度。

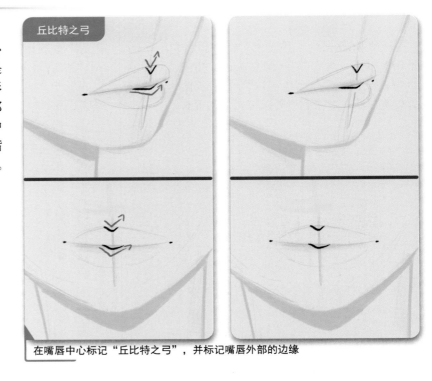

在嘴唇中心标记"丘比特之弓"，并标记嘴唇外部的边缘

04

勾勒出嘴唇的形状，连接上一步所绘制的线条。可以从任意一侧开始画一条线，从嘴角到中间的"丘比特之弓"，然后到另一个嘴角，直到完全连接。线条越弯曲，嘴唇就显得越丰满。还可以点击【调整】>【液化】>【推】菜单使嘴唇看起来更大、更圆润，或点击【调整】>【液化】>【捏合】菜单使它们变薄变小。

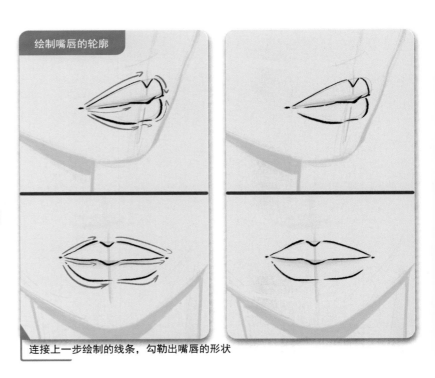

连接上一步绘制的线条，勾勒出嘴唇的形状

05

下一阶段是给嘴唇上色。将嘴唇轮廓图层的不透明度更改为 30% ～ 50% 左右，并将其图层混合模式设置为【覆盖】。这将帮助你通过颜色检查轮廓形状，尽管它们看起来会略微混合。

给嘴唇上色要选择锐利的画笔，例如【着墨】>【工作室笔】画笔。选择颜色时，为上唇选择稍深的色调，从视觉上将其与下唇分开，这将使嘴唇更立体。

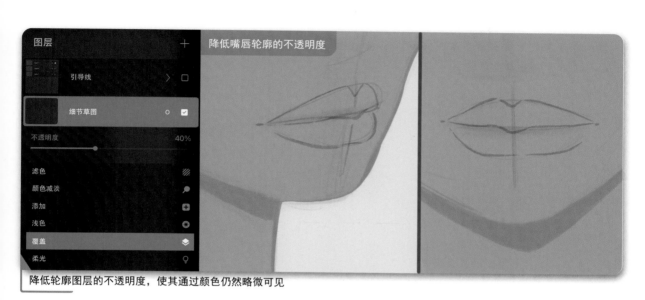

降低轮廓图层的不透明度，使其通过颜色仍然略微可见

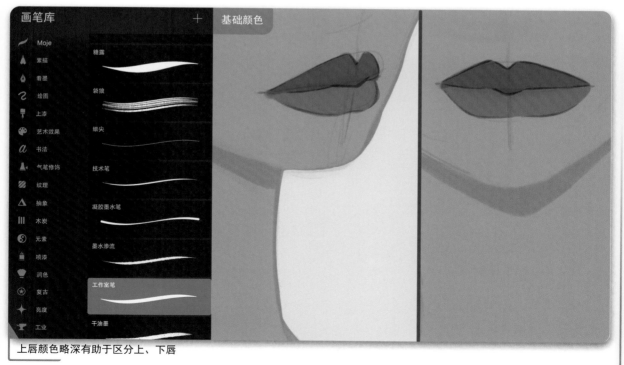

上唇颜色略深有助于区分上、下唇

06

接下来是给嘴唇添加明暗。【气笔修饰】画笔库中的任何画笔都可以很好地应用于此。比如选择【气笔修饰】>【中等硬混色】画笔，选择较浅的颜色，在下嘴唇画上几笔，以添加亮部和轻微的光泽。接下来，使用较深的颜色和较薄的画笔，例如选择【气笔修饰】>【中等硬气笔】画笔，在上下唇之间添加一些阴影，将它们分开，并修饰它们的形状。你也可以在这个阶段加深嘴角。

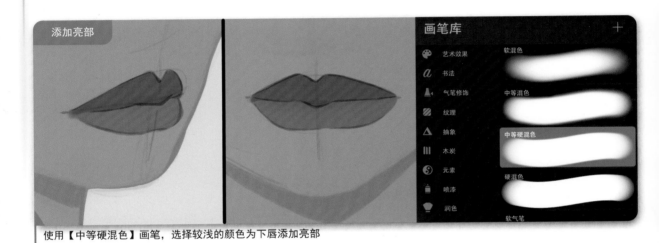

使用【中等硬混色】画笔，选择较浅的颜色为下唇添加亮部

使用较薄的【中等硬混色】画笔，选择较深的颜色在嘴唇之间添加阴影

07

绘制嘴唇的最后一步是添加细节，比如鼻子下方、"丘比特之弓"的上方部分，以及下嘴唇下方的阴影。即使你想让角色看起来更加简单和风格化，也应该为下嘴唇下方增加阴影，这样可以防止嘴唇看起来像贴纸一样扁平。使用较深的颜色来加深鼻子下方和下嘴唇下方的阴影，或者在单个的图层上应用阴影来添加。为了看起来更自然，你可以在嘴唇周围添加高光和皱纹。

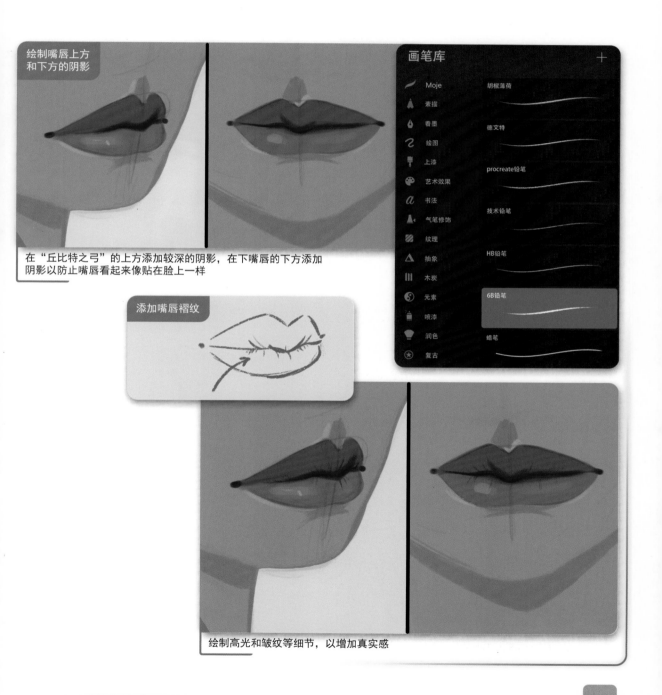

绘制嘴唇上方和下方的阴影

在"丘比特之弓"的上方添加较深的阴影，在下嘴唇的下方添加阴影以防止嘴唇看起来像贴在脸上一样

添加嘴唇褶纹

画笔库

Moje — 胡椒薄荷
索描 — 德文特
着墨 — procreate铅笔
绘图 — 技术铅笔
上漆 — HB铅笔
艺术效果 — 6B铅笔
书法 — 蜡笔
气笔修饰
纹理
抽象
木炭
元素
喷漆
润色
复古

绘制高光和皱纹等细节，以增加真实感

耳朵

学习目标

学习如何：

- 用简单的形状绘制耳朵
- 添加阴影和亮部

01

　　绘制耳朵时，首先要考虑耳朵的形状，例如，你希望耳朵是圆一点还是稍微尖一点。椭圆形可概括出一个稍微柔和的外观，而菱形状的椭圆会更加独特。本例是两种形状的结合。耳朵的外观也会因年龄而异，年轻人耳朵的位置通常更高，而老年人的耳朵通常较长，因为耳垂的皮肤和软骨随着年龄的增长会下垂。

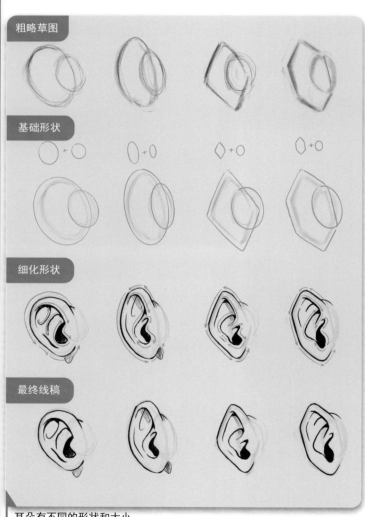

粗略草图

基础形状

细化形状

最终线稿

耳朵有不同的形状和大小

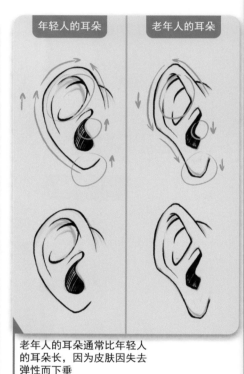

年轻人的耳朵　　老年人的耳朵

老年人的耳朵通常比年轻人的耳朵长，因为皮肤因失去弹性而下垂

02

确定耳朵的基本形状后，就可以更详细地描画细节。耳朵不是平的，它有深度和形状，这一点应该体现出来。首先，基于形状草图勾勒出整体的造型，使用更自然、更圆润的形状，为其添加自然的外观。接下来，用曲线画出耳朵内部。在一个方向上绘制线条有助于创建一种稍微平滑的感觉。耳朵内侧的部分要有更深的阴影。

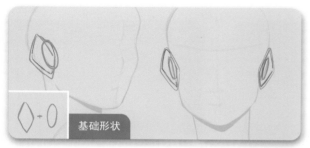

基础形状

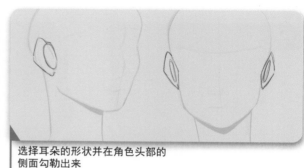

选择耳朵的形状并在角色头部的侧面勾勒出来

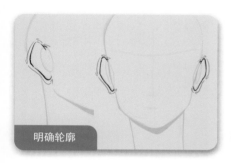

明确轮廓

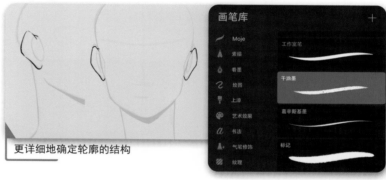

更详细地确定轮廓的结构

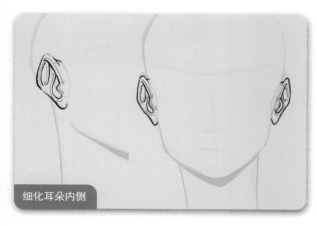

细化耳朵内侧

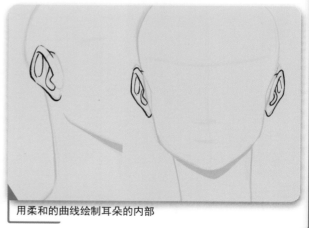

用柔和的曲线绘制耳朵的内部

03

下一步是绘制第一层阴影。在执行此操作前，使用基础颜色填充头部，然后将草图图层的混合模式设置为【覆盖】模式并降低其不透明度，这将使草图图层融合在一起，但仍可以查看轮廓作为参考。

将耳朵想象成一个碗，你要区分其内部和外部。耳朵的外部自然会接收更多的光，而耳朵的内部则会处于阴影中。勾勒出内耳的形状，并用较深的颜色填充阴影。

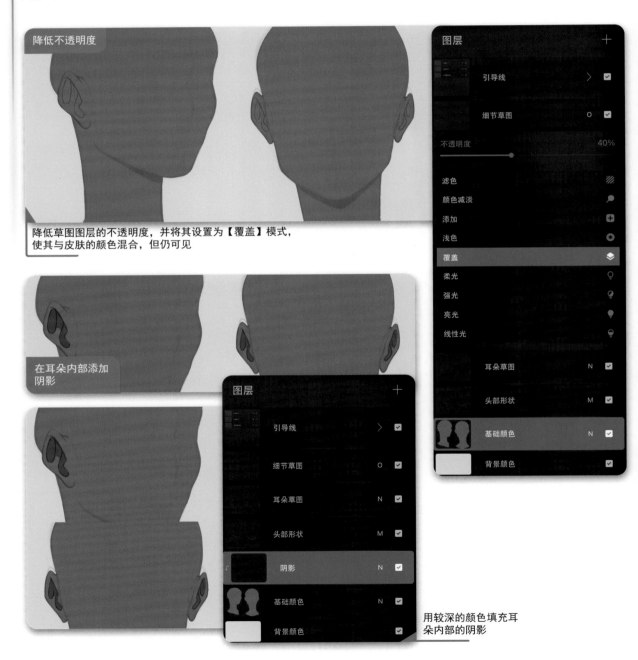

降低不透明度

降低草图图层的不透明度，并将其设置为【覆盖】模式，使其与皮肤的颜色混合，但仍可见

在耳朵内部添加阴影

用较深的颜色填充耳朵内部的阴影

04

现在添加一层更深的阴影。
这个阶段主要加强刻画耳朵的中
心，并绘制出软骨的深度。你可
以根据光照情况使用深色。使用
硬边画笔或选区工具，绘制上软
骨和耳洞的阴影，形成一个切口
形状。如果想要给你的角色画一
个简单的漫画风格的耳朵，可以
用更深的颜色加深这个阴影。

用较暗的阴影体现深度

在耳洞处添加一个
较深的阴影

05

耳朵的软骨比较薄，因透光
而使皮肤呈现出轻微的红色调。
添加这种红色调将使角色看起来
更温暖、更有活力。要表现此效
果，可使用选区工具选择耳朵，
将图层模式设置为【添加】，在
其上绘制轻微的红色渐变。你可
以通过降低图层的不透明度来调
整皮肤透光的强度。

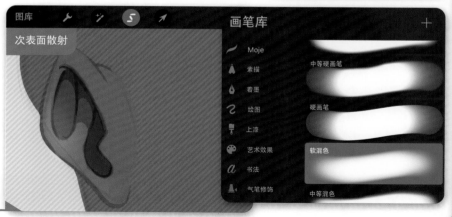

给耳朵添加一点红色，给
人一种软骨透光的感觉

06

最后一步是添加细节，使耳朵看起来更逼真。在耳垂后方或下方绘制阴影，给人一种耳朵从头部伸出的感觉。要绘制耳朵内部的阴影，可用柔和、精致的气笔在软骨侧面和上方绘制一些较轻的笔触。

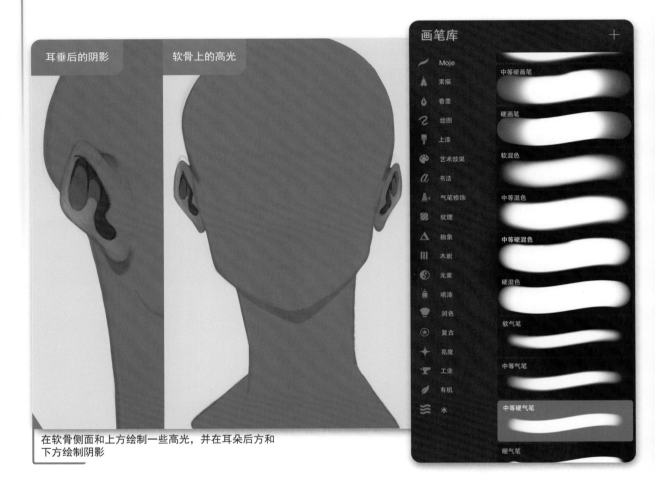

在软骨侧面和上方绘制一些高光，并在耳朵后方和下方绘制阴影

专业提示

你可以考虑是否添加一些疤痕、斑点或穿孔。无论是大号的时尚耳环，还是一个单独的耳钉或宝石，这些配饰都可以帮助传达角色的个性和故事。

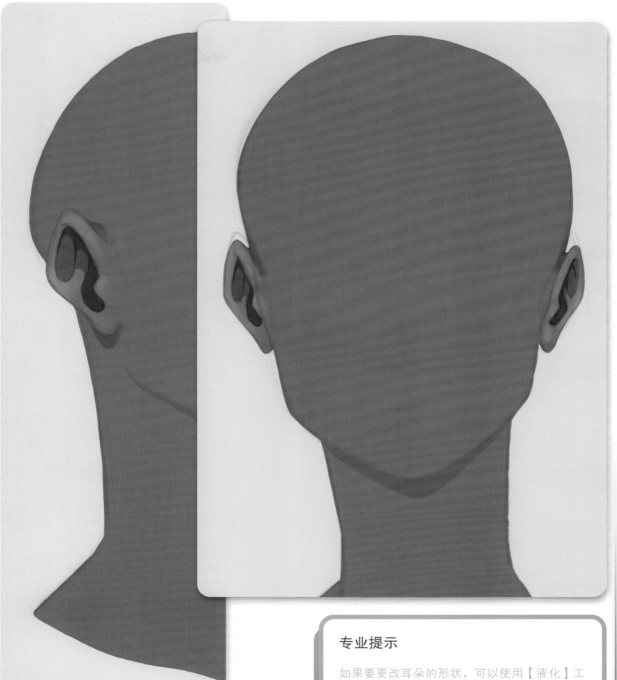

通过添加阴影、高光和细节来完成耳朵的绘制

专业提示

如果要更改耳朵的形状，可以使用【液化】工具来调整形状，而无须重新绘制。点击【调整】>【液化】菜单并尝试不同的选项。

鼻子

学习目标

学习如何:

- 绘制鼻子的基础形状
- 细化鼻子并使用颜色来增加体积感
- 添加细节和纹理以增加真实感

01

从鼻子形状开始思考,使用符合角色整体造型和个性的形状。圆形和椭圆形将创造出更柔和的外观,而三角形可以提供更具表现力或独特的外观。如果是年轻的角色,考虑使用向上的曲线弧度以暗示能量和活力。而当绘制老年人的鼻子时,则要表现出向下弯曲并放大鼻孔的样子,因为皮肤通常会随着年龄的增长而松弛。你也可以在皮肤上添加凹痕、肿块,以及斑点或疤痕。

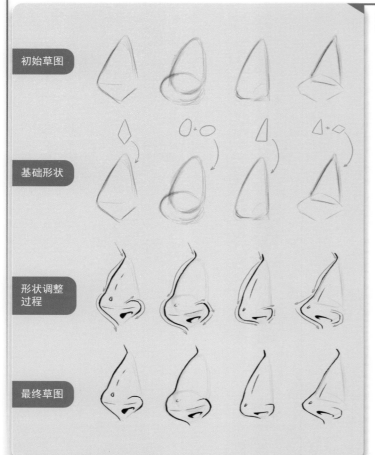

初始草图

基础形状

形状调整过程

最终草图

角色鼻子的形状应该与整体设计的形状相匹配

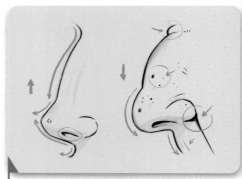

年轻角色的鼻子可以显示出活力和激情,而向下或弯曲的鼻子可以表现年长的角色

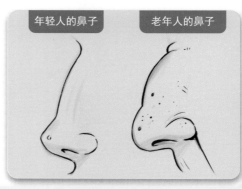

年轻人的鼻子　　老年人的鼻子

02

画出鼻子在脸上的位置线。首先在头部中心画一条垂直线，在耳朵高度画两条水平线。接下来，用一个菱形将鼻子的整体形状标记出来，在鼻梁处标记一个三角形。如果想让鼻子更宽，只须要加宽菱形；若想让鼻子更窄，就绘制一个更长、更窄的菱形。

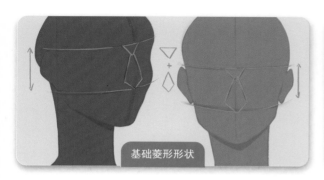

基础菱形形状

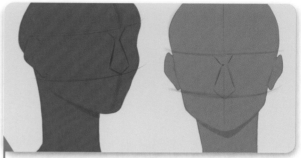

在角色的脸上绘制鼻子的基础形状

03

降低图层的不透明度，然后在它上方创建一个新图层，开始绘制鼻子的细节。从鼻梁开始，向下绘制一条线，然后在鼻尖处稍微向上弯曲。如果画老年人的鼻子，则在鼻尖处稍微向下弯曲。接下来，为鼻孔画出略圆的鼻翼。绘制的线条要保持在上一个草图的菱形形状内。

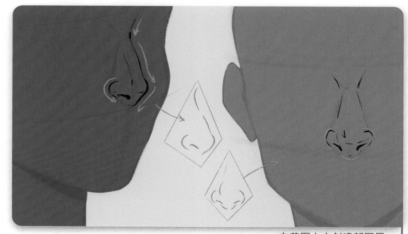

在草图上方创建新图层，勾勒出鼻子的更多细节

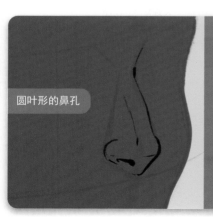

圆叶形的鼻孔

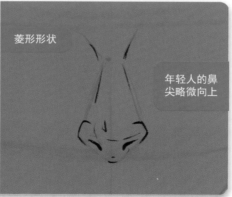

菱形形状

年轻人的鼻尖略微向上

04

接下来开始添加颜色。鼻子通常比脸的其他部分更红，因此选择比皮肤颜色略暗的颜色，并使用【气笔修饰】>【硬混色】画笔绘制鼻子的形状。然后，用【擦除】工具轻轻擦掉鼻子的顶部，以创建渐变效果。这有助于将鼻子与面部其他部分区分开来，并使其具有立体感。稍微加深鼻子底部，更清晰地强调其形状，表现其饱满。

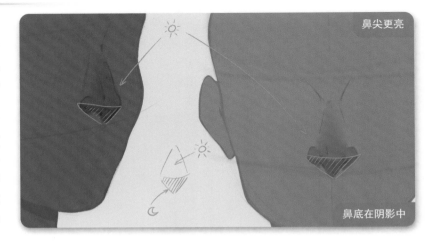

鼻尖更亮

鼻底在阴影中

用较深的颜色绘制鼻子以区别于面部的其他部分

05

当勾勒好鼻子的大致形状并添加了阴影后，可以继续绘制光影和细节。在鼻尖处添加高光以增加体积感，并强调它位于面部前方。在脸颊和鼻翼周围绘制较淡的斑点会使它们看起来更突出。接着，用深色加重鼻孔。

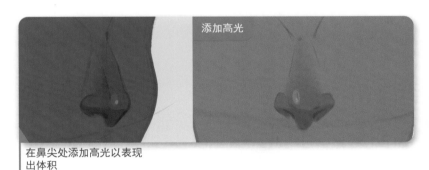

添加高光

在鼻尖处添加高光以表现出体积

添加细节，例如加重鼻孔

06

添加完阴影和高光后，可以考虑添加纹理，如斑点、疤痕、痣或雀斑。这样的细节会让你的角色更加真实且独特。在角色的鼻子和脸颊上添加雀斑以表现角色的青春感。添加雀斑，需要创建一个新图层，选择比皮肤更深的颜色，选择【喷漆】>【轻触】画笔进行绘制。然后使用【擦除】工具，选择【气笔修饰】>【中等画笔】和【素描】>【6B 铅笔】画笔擦除一些额外的斑点，使效果看起来更自然。

最后给角色添加一些面部细节，如雀斑、斑点或痣，让他们看起来更真实

添加雀斑等最终细节

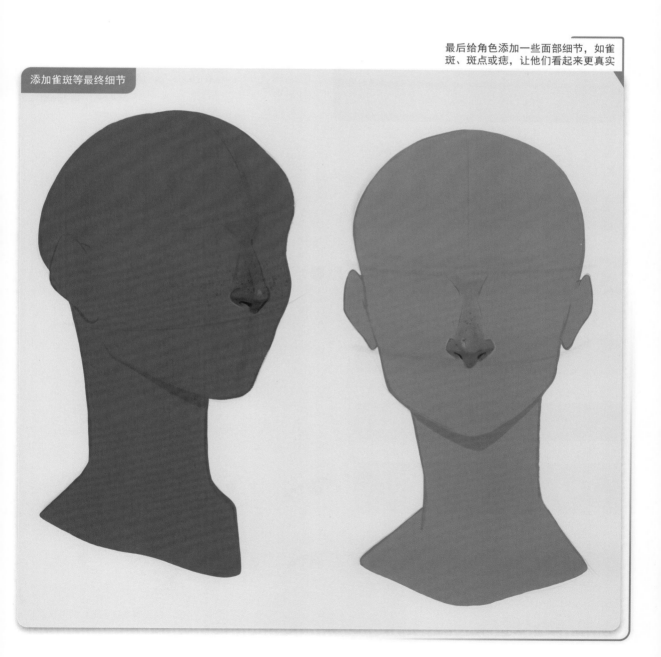

眼睛

学习目标

学习如何：

- 绘制眼睛的基础形状，然后添加细节并优化

- 添加颜色、阴影和高光

- 绘制眉毛并塑造它们的形状

01

    为角色绘制眼睛，首先为眼球画一个圆圈来定位，然后画上下眼睑。眼睑的形状和位置可以传达角色的年龄和情绪。上下眼睑的形状可以是椭圆形、叶状、泪滴状或半椭圆形。使用较粗的线条画出上眼睑的睫毛。

眼球的基础形状和不同形状与大小的眼睑

绘制眼球和眼睑

将上下眼睑在圆内绘制成一个形状

用较粗的线条表现上眼睑

在上眼睑用较粗的线条来暗示睫毛的位置，然后用两条线勾勒出上面的弧形

最终草图

从绘制眼球和眼睑的形状开始

02

在绘制年轻人或老年人的角色时，必须记住，随着年龄的增长，皮肤的状态会有所不同。老年人的皮肤通常会下垂，使他们的眼睛看起来更小，像半睁着。年轻人只有在微笑或传达深层情感时才会在眼睛周围出现皱纹，而对老年人来说，这些皱纹是永久性的。还要注意下眼睑下方的皱纹，这可能是由于疲劳或年龄的原因形成的。在眉脊下画几个老年斑，或添加更多突出的眉毛，可以为老年角色添加真实感。

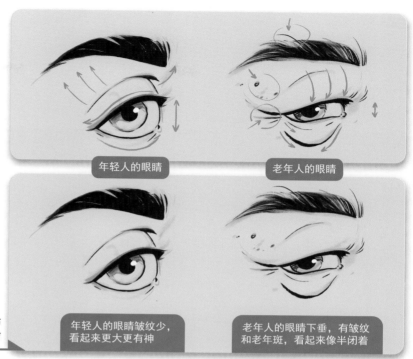

年轻人的眼睛　　　老年人的眼睛

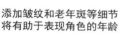
添加皱纹和老年斑等细节
将有助于表现角色的年龄

年轻人的眼睛皱纹少，看起来更大更有神

老年人的眼睛下垂，有皱纹和老年斑，看起来像半闭着

03

现在，在角色的头部绘制眼睛的基础形状，大概画在鼻梁两旁的位置。先画出像水平的叶子形状的椭圆形，然后在上面画出眼睑。如果要绘制角色正面，并做到眼睛对称，可点击【操作】>【绘图指引】>【对称】>【垂直】菜单，能加快绘制过程。只要在脸的一侧绘制出一只眼睛，它就会被镜像到另一侧。

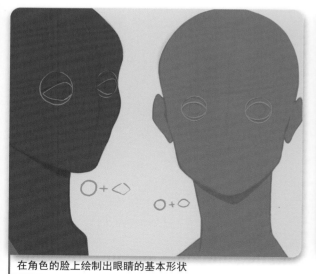
在角色的脸上绘制出眼睛的基本形状

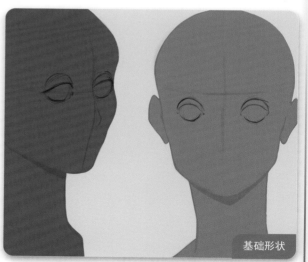
基础形状

04

　　绘制完草图后，下一步是创建更精确的形状，使用深色且锐利的画笔画出上眼睑的折痕，区分上眼睑和下眼睑。尝试用一条粗线标出上睫毛线，而不是绘制每一根睫毛。在瞳孔上画一个黑点，然后在虹膜周围画一圈较细的线。眼睑应和虹膜有重叠部分，除非眼睛极度张开。

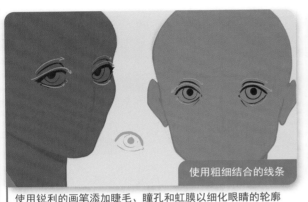

使用粗细结合的线条

使用锐利的画笔添加睫毛、瞳孔和虹膜以细化眼睛的轮廓

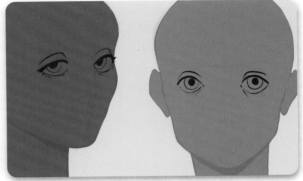

05

　　添加颜色时，要为眼球和眼睑分别创建一个新图层。用浅色绘制眼球，然后将瞳孔画在虹膜中央。通过在瞳孔周围涂上较浅的虹膜颜色来强调瞳孔。将睫毛画成一条粗线以简化外观。接下来，用更深的肤色绘制眼睑，在中间增加一些稍浅的阴影，以强调眼球下方的体积感。为了使眼睛更生动，在眼球的瞳孔旁边加一点高光。

绘制虹膜的颜色

在单独的图层上给眼睛的每个部分绘制颜色

绘制眼球的高光

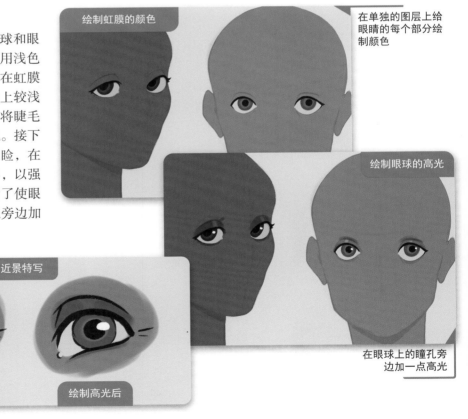

近景特写

无高光

绘制高光后

在眼球上的瞳孔旁边加一点高光

06

眉毛对于展示角色的情绪至关重要。它们的形状或厚或薄，可以突出角色的个性和情感。通常眉毛在靠近两眼内侧比较低，然后沿着眉骨向上弯曲。在眼睛上方画出眉毛的线条，然后通过增加线条来增加眉毛的厚度。用【擦除】工具擦几处空隙来表示眉毛的质感。

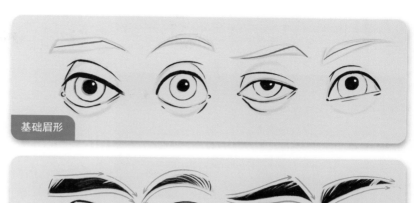

基础眉形

在原有形状上增加眉毛的厚度

画出眉毛的线条，然后增加眉毛的厚度和形状

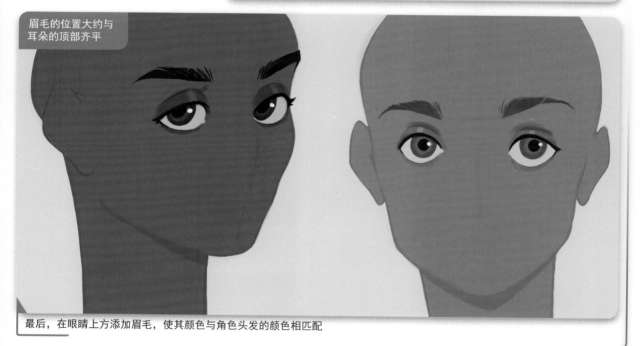

眉毛的位置大约与耳朵的顶部齐平

最后，在眼睛上方添加眉毛，使其颜色与角色头发的颜色相匹配

头发

头发有很多不同的类型：有光泽的或无光泽的、直的或卷曲的、厚的或薄的、自然的或染色的。头发是一个极其重要的元素，不仅可以传达和强调人物的个性，还可以传达和强调他们的种族背景或文化归属。独特的头发可以让角色更有趣、更难忘，而给头发添加动感则可以传达真实感和活力。本章将演示如何绘制四种不同类型的头发，你可以根据需要调整它们以适合你的角色，尝试不同的头发样式、形状和长度。

01

在新图层上，绘制四种发型：波浪发、短发、带刘海的直发和长发辫。尝试将头发想象成一个整体的形状，而不是画很多单独的头发丝。用每个发型的轮廓来强调头发的体积和方向。

将头发画成一个整体形状而不是许多单独的发丝

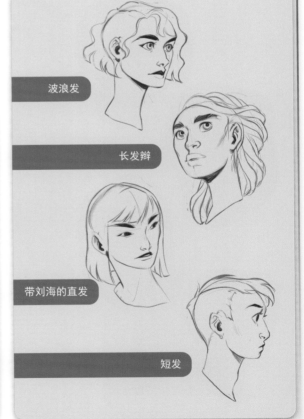

波浪发

长发辫

带刘海的直发

短发

02

　　绘制草图后，在草图上方创建新图层，然后开始更详细地绘制每种发型。对于波浪形头发，添加一些飘逸的发缕，并尽量强调头发的体积和弹性。带刘海的直发是表现薄发或细发丝的一个好例子。注意前额上的刘海，要几乎平贴在前额。要画长发辫，可以想象一下这种头发是可以自由弯曲的软管，将它们堆起来，加上线条来体现它们的形状体积感。

绘制出波浪形头发的体积和散落的发缕

将长发辫想象成自由弯曲的软管，并体现它们的形状

直发平滑且体积小

将短发绘制成几簇

将发型草图细化为更详细的造型

03

　　创建精确的造型后，就可以给头发上色了。创建一个新图层，然后使用锐利的画笔，如【气笔修饰】>【硬画笔】画笔，勾勒出每种发型的形状，然后拖放一种颜色填充它。或者你可以使用"V"【选区】工具勾勒出每个要填充的区域，然后用颜色填充。用基础色填充发型后，使用软画笔，如【气笔修饰】>【软画笔】画笔，创建渐变以产生较亮和较暗的部分，并为每种发型创建基础色板。

基础颜色

使用【色彩快填】模式将颜色拖放到每个发型中

从深到浅的渐变

使用【软画笔】创建从暗到亮的渐变

04

　　使用较浅的颜色绘制出头发的光泽感，对于卷曲或蓬松的头发，在最凸出的部分添加高光。试着用一两笔快速的笔触突出高光区域。为了让头发的光泽看起来不那么虚假，可以用较深的基础发色和波浪状的笔触稍微遮盖一些光泽。这将使高光呈现出更生动、多样、有机的形状。接下来，使用较细的画笔添加一些线，以体现单独的头发丝。

05

　　最后一个阶段是细化阶段，添加细节和单根头发丝。选择质地细腻的薄画笔，如【素描】>【6B铅笔】画笔、【素描】>【德文特】画笔或【着墨】>【听盒】画笔。使用【吸管】工具吸取发型中已经存在的颜色，并尝试突出较亮和较深的头发。根据发型，尝试使用不同的笔触，例如，将曲线用于波浪头发，而对于直发，确保线条与头发下垂的方向一致。

添加光泽和高光

使用较浅的颜色在头发上添加
光泽或高光

最终细节

最后用精细的画笔添加细节和
几根单独的头发丝

材质

学习目标

学习如何:

- 在角色的衣服和道具上绘制不同的纹理,包括皮革、金属、玻璃和皮毛

纹理

纹理有助于区分材料、衣服和物体。Procreate 有许多画笔可以模拟某些类型的纹理,例如皮革或纤维。另外,也可以用来创建贴图和模拟不同的材质。

这是添加纹理之前的角色

旧皮革
1. 中等画笔
2. 木炭块
3. 轻触

类似于 T 恤一样柔软的材质
1. 中等硬混色
2. 细小喷嘴
3. 暮光

像牛仔裤一样的厚材质
1. 软画笔
2. 楔尾鹰
3. 达金荒野

金属
1. 软画笔
2. 中等硬混色
3. 垃圾

相同的角色设计,但使用了不同的纹理以表现不同的材料,包括皮夹克、棉质 T 恤和金属假腿

在未添加任何纹理之前

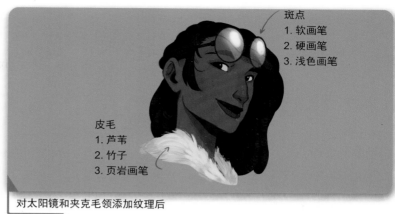

斑点
1. 软画笔
2. 硬画笔
3. 浅色画笔

皮毛
1. 芦苇
2. 竹子
3. 页岩画笔

对太阳镜和夹克毛领添加纹理后

不同类型的材质需要不同的创作方法。有些织物比其他织物厚，例如牛仔裤比普通棉质 T 恤稍厚，皮革也有一定的厚度。通过在设计中添加几毫米的厚度来显示这些偏厚的材质。

此外，光在粗糙材质表面与光滑表面上的反射效果不同。使用硬边画笔绘制金属，例如【气笔修饰】>【中等画笔】画笔；使用更软的画笔，例如【气笔修饰】>【软画笔】画笔来绘制更光滑的材质。

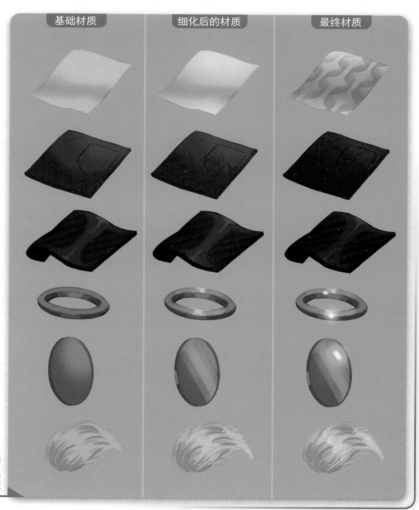

基础材质　　　　细化后的材质　　　　最终材质

可以通过材质反射光线的效果以及绘制的厚度来显示角色所穿的材质类型

柔软 VS 厚实

　　无论是绘制柔软的还是厚实的织物，首先创建一个有颜色的平面，然后用画笔轻轻地涂画，可选择【气笔修饰】>【中等硬混色】画笔或【气笔修饰】>【软画笔】画笔。下一步是为织物添加轻微的纹理。使用【喷漆】>【细小喷嘴】画笔绘制软面料的表面，使用【复古】>【楔尾鹰】画笔绘制比较厚的材质表面，接下来，使用 Procreate 的纹理画笔添加一些细节，例如【复古】>【狂热】画笔。最后，你可以决定是否要添加图案。要表现像牛仔裤这样的厚材质，需创建一个新图层，将其混合模式设置为【正片叠底】，并使用【纹理】>【达金荒野】画笔进行绘制。

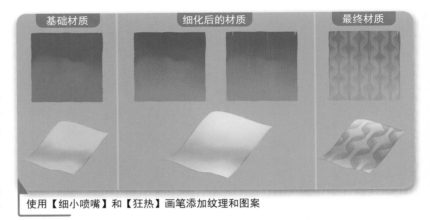

使用【细小喷嘴】和【狂热】画笔添加纹理和图案

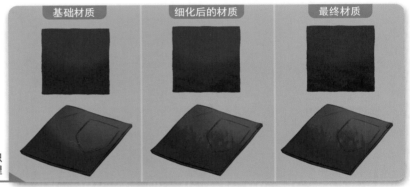

使用【达金荒野】画笔为厚织物添加纹理

皮革

　　你可能要为角色的腰带或夹克创建皮革纹理。皮革是一种很厚重的材质，所以你应该尝试在物体的边缘绘制几毫米的厚度以表现它的材质。为了创建皮革材质，首先使用【气笔修饰】>【中等画笔】画笔添加高光区域。皮革材质通常会有磨损迹象，例如污渍或斑点。尝试用【木炭】>【木炭块】画笔来反射皱巴巴的纹理。想让皮革看起来更陈旧，就要强调这些磨损的特征。尝试使用【材质】>【旧皮肤】画笔描画，使皮革看起来更生动。要在单独的图层上执行此操作，直到你满意。

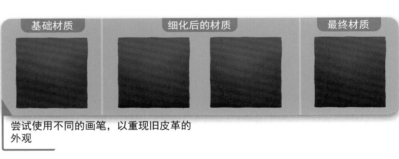

尝试使用不同的画笔，以重现旧皮革的外观

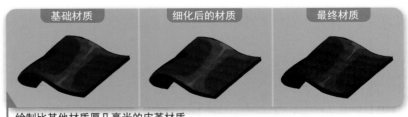

绘制比其他材质厚几毫米的皮革材质，以显示其厚度

金属

在绘制金属材质时，不要害怕形成鲜明对比，例如眼镜架、珠宝、穿孔饰品、武器，或是在某个角色的例子中的假腿。使用软画笔绘制基础颜色，然后在后期切换到有锐利边缘的画笔进行处理。使用【气笔修饰】>【中等硬混色】画笔将颜色混合，在金属表面上创建反光效果。如果希望金属表面看起来老旧，可使用画笔添加一些纹理，例如【纹理】>【垃圾】画笔。最后添加一些高光，以显示平滑材质如何反射光线。

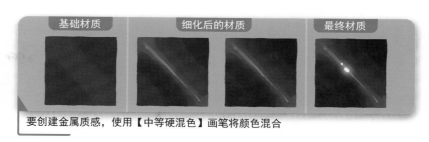

要创建金属质感，使用【中等硬混色】画笔将颜色混合

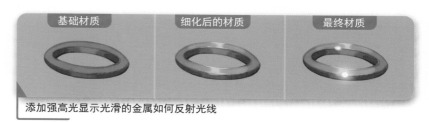

添加强高光显示光滑的金属如何反射光线

玻璃

玻璃可能会出现在角色的眼镜、头盔护目镜或珠宝中。它的材质是透明的，可以反射光线。确保在一个单独的图层上绘制。选出相关的形状，然后启用【阿尔法锁定】功能以方便着色。首先，使用软画笔和浅色创建漫反射。接着，使用锐利的画笔，例如【着墨】>【工作室笔】画笔，绘制一些模拟玻璃反射的笔触。最后，使用【亮度】>【浅色画笔】画笔添加白色高光。如果想看到玻璃下面是什么，可以降低玻璃图层的不透明度，或者尝试使用一些图层混合模式。

降低玻璃图层的不透明度，以部分显示其下方的内容

毛发

绘制衣服或生物的毛发时，首先使用【着墨】>【干油墨】画笔或【着墨】>【工作室笔】画笔绘制整体形状。尽量保持它的外观自然，突出几缕毛发。接下来，使用【有机】>【芦苇】画笔绘制较暗的区域。要在不同颜色之间创建平滑的过渡，可使用【有机】>【竹子】画笔。这些画笔有毛质的结构，非常适合模拟毛发质感的纹理。最后，使用【书法】>【页岩画笔】画笔在最亮的区域添加轻微的光泽或高光。

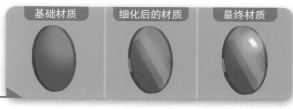

为玻璃添加光泽度以表现其反射属性

首先创建一个整体形状，突出几缕毛发

纹理丰富的有机画笔非常适合创建毛发效果

液化

学习目标

学习如何：

- 使用【液化】菜单中的各种功能来提升角色设计

在【调整】菜单中，【液化】工具可以扭曲和变形作品，并带有调整压力和尺寸的选项。它有几个可供选择的选项用于提升角色设计，包括推、顺时针转动、逆时针转动、捏合、展开和边缘等选项。使用【液化】工具时，不需要合并作品，可以选择文件中的一个图层、多个图层或所有图层，对其应用液化。如果你习惯于对图层进行分组，那么当选择图层组时，液化工具也会起作用。但是，液化工具不能用于启用了【阿尔法锁定】的图层。

【液化】工具可以应用于单个图层、多个图层或图层组

推和展开

当你想给角色增加更生动的效果时，例如，要表现角色的肌肉或头发的体积，可以使用【液化】菜单中的【推】或【展开】模式。【推】模式也可以用于缩小人物或角色身体的某个部位，如脚踝或手腕，或增加头发的动感。此外，你还可以用它来延长身体的某个部分。【展开】模式将使作品被选中的区域凸出，因此它非常适合添加圆一点的形状。当你想要放大角色的眼睛以增加一些风格化的特征时，可使用【展开】模式。

初始图像

使用【推】或【展开】模式来改变角色身体部位的外形，例如增加头发的体积，放大眼睛，或使腿部肌肉变圆润

推

展开

专业提示

当你在图像上使用液化功能，想快速比较前后变化时，可点击【调整】菜单，然后从左向右滑动滑块以查看它们之间的差异。这可以帮助你决定是否继续使用当前的液化功能，或者使用稍微柔和一点的工具。

捏合

在你希望使角色的外形更瘦小时，捏合功能非常有效，你可以选择某些区域并缩小它们。例如，如果你想要缩小角色的腰围，可以选择腹部中间的区域，也可以用它来缩小脖子或鼻子等部位。

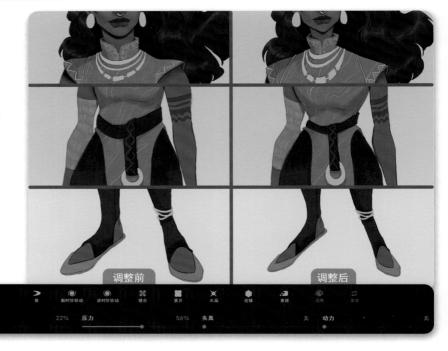

【捏合】功能用于缩小角色的腰部、脚踝和颈部，以使角色看起来更风格化

边缘

【边缘】可能是【液化】菜单中最通用的功能，可以扩展、收缩、添加或移除体积。当用于简化角色的线条，可以使线条更平滑、更流畅。如果你在角色的轮廓边缘使用它，会使形状更柔软、更圆滑。例如，在此角色设计中使用【边缘】工具调整角色的头发，可使其形状更简单、更平滑。还可以利用它增加角色腿部的肌肉，使腿部具有更流畅的曲线。

【边缘】功能可给角色的头发和腿一个更平滑的形状

旋转

旋转功能包括两种方向：顺时针转动和逆时针转动。此工具会创建出扭曲的漩涡，扭曲效果的强弱可以通过在屏幕上按压触控笔的力度和时间来控制。

调整【失真】滑块将增加效果的随机性。当你想要强调角色的卷发时，这个功能很有用。

这里使用了【顺时针转动】和【逆时针转动】功能来增强角色头发的波浪度

使用旋转前

使用旋转后

重建和调整

液化功能中最有用的选项之一是【重建】。如果你不喜欢创建的效果，或者不希望将其应用于图像的某些区域，则可以撤销更改。【调整】也是一个需要注意的选项，因为它可以设置应用液化命令的强度。

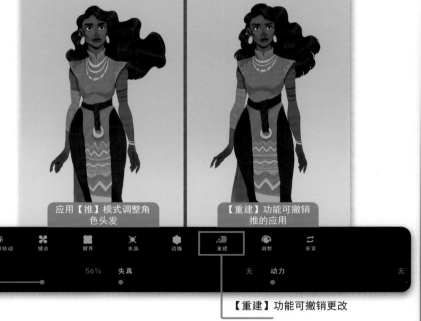

【液化】中的【调整】功能附带一个选项菜单，用于如何将工具应用到图像上

应用【推】模式调整角色头发

【重建】功能可撤销推的应用

【重建】功能可撤销更改

实例演示

阳光朋克女孩

奥尔加·阿苏洛克斯·安德里延科

每个角色都有自己独特的个性、故事和他们生活的世界。艺术家的工作就是在不使用文字的情况下向观众传达这些内容。构成角色设计的各种元素可以帮助你做到这一点。本教程中的女孩生活在一个未来主义的阳光朋克世界中。虽然她的生活可能与我们不同，但在这个阳光明媚的场景中，我们能留意到她的兴奋和冒险精神，因为作品邀请你走进她的世界。

在接下来的内容中，你将学习如何找到灵感，激发创造力，并将想法转化为最终的角色设计。本教程将指导你如何考虑细节以帮助你讲述角色的故事。你还将掌握简单的素描技巧，找到完美的造型和构图以准确绘制你的角色。此外，本教程将探索 Procreate 的有用工具，用于绘制精美线条和轻松填充颜色。你将看到如何使用图层混合模式和【调整】工具来实现迷人的光影效果。到最后，你将拥有创建迷人角色所需的所有技能。

学习目标

学习如何：

- 使用Procreate的工具使绘图过程更快、更容易

- 管理图层以保持工作流程的灵活性

- 使用剪辑蒙版以创建易于调整的颜色

- 使用图层混合模式创建不同的光影效果

- 添加特效，让效果更上一层楼

在开始绘画之前，花点时间进入角色的世界。用你的想象力和激动人心的图像来创造一幅震撼心灵的画面。首先是寻找灵感，无论是从网上的图片搜索引擎里寻找，还是到你去过并拍过照片的地方去寻找都可以。阳光朋克是一种科幻小说类型，探索未来的积极愿景，人类通过使用可再生能源与自然和谐相处。你可以通过观察未来主义风格的建筑和服装以及过去或现有自然文化的设计来为这样的世界找到灵感。做这样的研究会让你更容易创建角色并给你带来意想不到的想法。

01

　　创建一个新的画布，开始勾勒出你对角色定位的若干想法。她在干什么？她的造型能让观众了解她的性格吗？你会选择什么样的视角？仰视的角度画人物可以让他们看起来更英勇，甚至更具有威胁性；俯视的角度会让角色看起来很小，或者从屋顶上看到令人激动的场景；另一个选择是在水平视线上绘制角色，这将使他们彼此看起来更有联系。

勾勒出大致的想法，但不要深入细节——这将使快速探索多种灵感变得更容易

02

使用【矩形】选区工具选择你最喜欢的缩略图，然后用 3 根手指向下滑动，将其剪切并粘贴到新图层上。使用【等比】变换工具将其放大，为角色创建基础草图。无论你的缩略草图有多粗糙，将它作为基础将使这个过程比从空白画布开始要容易得多。

使用【矩形】选区工具
选择选定的缩略图

将缩略图粘贴到新图层上，然后使用【等比】变换将其放大

03

降低缩略图图层的不透明度，并在顶部创建一个新图层。使用简单的形状定义角色的造型，尝试不同的头部角度和手臂位置。如果草图太乱，将其与下面的图层合并，降低该图层的不透明度，并在顶部的图层上绘制一个干净的草图。【素描】>【HB铅笔】画笔非常适合创建自然的绘画感觉。当你绘制草图时，试着倾斜 Apple Pencil，观察笔触是如何变化的。

虽然还是很粗糙，但每绘制一步都会让草图更清晰

04

利用【变换】工具中的不同选项为角色找到适合的比例。【扭曲】和【弯曲】功能对于调整不同元素的透视和大小关系特别有用。在不同的图层上绘制角色和车子是非常必要的，以便能够将它们分别进行变换。角色坐在一个物体上可能很难绘制正确的结构，因为你需要考虑角色和环境的透视角度，所以能够独立移动它们是有必要的。也可以选择多个图层将其一起进行变换。

尝试使用不同的【变换】工具来改变角色的大小和透视

05

当确定好造型，就可以关注角色的服装和摩托车的细节了。对于阳光朋克类型，可尝试结合传统元素和未来元素来设计。波希米亚风格的服装元素和文身以及仿生手臂，显示了这个角色如何拥抱文化和未来科技的。想一些有创意的设计，比如在她的衣服和车上安装太阳能板。别忘了她在旅途中可能携带的包和其他物品。

将阳光朋克主题融入角色的设计中，开始添加细节

06

降低草图图层的不透明度
（如果有多个草图图层，请在此
将它们合并为一个），然后在顶
部创建新图层，开始绘制线稿。
与草图一样，你可以根据需要使
用多个线稿图层，然后将它们合
并。【书法】>【粉笔】画笔是绘
制线稿的绝佳画笔，它的线条粗
细多变，有一定的质感。也可以
将背景颜色图层更改为阳光明媚
的黄色色调以设置场景的氛围。

当你画画时，可通过改变 Apple
Pencil 的压力使你的线条更富有
表现力

07

完成的线稿应该有适当的细
节，但细节不要太多，这样会使
画面看起来太繁杂。并非所有线
条都要闭合，留出一点空隙可以
让画面有呼吸感。此时，你可以
将所有线稿图层放在一个组里，
保持图层面板的整洁。在这里，
角色、车和挡风玻璃都在不同的
图层上，这在以后将很有用。

将线稿图层分组以保持图层
面板的整洁

线稿完成后，
准备上色

专业提示

【速创形状】是绘制圆形和椭圆的
有用工具。画一个椭圆，然后将笔
尖停留在屏幕上，直到可用的选项
弹出，再调整手绘的椭圆形状。这
用来绘制摩托车的轮子很有用。

08

选择边缘清晰的画笔，例如
【着墨】>【糖露】画笔，为角
色创建基础颜色。围绕整个角色
的内边缘绘制，直到线条形成闭
合形状。使用比背景亮的颜色将
帮助你更加精确地观察角色。

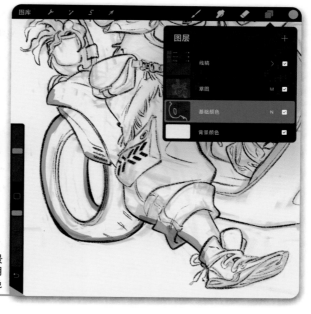

明亮的青色在黄色背景
下清晰可见，稍后将用
作车的颜色

09

绘制完整个轮廓后，用画笔按住屏幕右上角
的颜色图标将其拖到图形上，这将会用刚才使用
的颜色填充整个封闭的空间。在进行此操作前，
确保轮廓边缘没有空隙。创建一个新图层，用相
同的方法绘制车的挡风玻璃，并用白色填充，然
后降低该图层的不透明度使其呈半透明状。

在此过程中，
保持草图图层
的可见很有帮
助，之后可以
将其关闭

10

在基础颜色图层上方创建一个新图层，并将其设置为下方图层的【剪辑蒙版】。这将确保你绘制的所有内容都在基础形状的边界内。使用暖棕色和浅灰色填充女孩和猫的形状，将它们与车区分开。注意要将每个元素放在单独的图层上，之后可以更轻松地进行颜色调整，因为你可以使用这些元素进行快速选择来辅助上色。继续创建所需图层，填充你绘制的所有颜色区域。如果达到图层限制，可以稍后将这些图层合并。

如果你想改变颜色，可以在之后调整

使用棕色和灰色，将女孩和猫的形状与车区分开

使用【剪辑蒙版】的功能为角色的不同部分上色

11

现在来创建角色手拿的全息地图。首先，在一个新的图层上创建一个矩形选区，并用明亮的颜色填充它。擦掉四角，使其形成更有趣的形状。接下来稍微降低图层的不透明度，并使用【变换】工具将形状弯曲到位。使用【扭曲】功能可呈现一个较好的透视效果，而【弯曲】功能将使地图看起来像球面一样。

创建一个矩形选区并用颜色填充

擦除四个角

降低不透明度，然后使用【变换】工具变换形状

点击【变换】>【弯曲】菜单将弯曲地图的形状

12

在角色图层下面绘制一个简略的背景，为画面设定氛围。使用大的块状画笔，例如【上漆】>【平画笔】画笔，可以防止你过早地迷失在细节中。这一步是确定形状和颜色，当忽略所有细节时，眯着眼睛看阳光下的参考照片，观察哪些颜色最显眼，这将很有帮助。

使用大的块状画笔来建立一个简略的背景，重点关注形状和颜色

虽然它不是一幅独立的插画，但它非常适合充当场景

13

如果已经填充了背景颜色，可以再对角色进行一些最终的颜色调整和细化。使用【色相、饱和度、亮度】工具调整图层。这就是将所有元素放在单独图层的用处。使用滑块尝试不同的颜色效果，因为有时候最初的选择可能不是最好的。在绘制细节时，例如，画猫的斑点，可向右滑动该图层开启【阿尔法锁定】功能，这样就可以在形状内部进行绘制而不会超出它。

使用调整滑块比重新绘制图层更快，例如用【色相、饱和度、亮度】工具调整

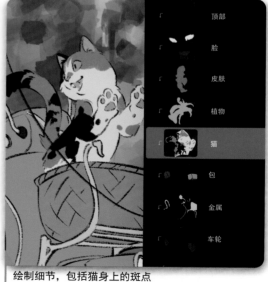

绘制细节，包括猫身上的斑点

14

带有颜色的线条在不同模式下会有巨大的差异。目前所有图层都设置为【正常】模式，如图层名称旁边的字母 N 所示。复制线稿图层，然后点击【N】并将混合模式改为【覆盖】模式，以便将线稿的颜色显示出来。降低初始正常模式线稿图层的不透明度，直到调整到合适的效果。

【覆盖】模式下线条的颜色会有更深的效果

15

在图层列表的最顶端创建一个新图层，并将其设置为【正片叠底】模式，这种混合模式非常适合绘制阴影。现在点击基础颜色图层，创建形状选区，返回到新的阴影图层，点击它并选择【蒙版】，这将确保在图层上绘制的内容仅在所选蒙版形状内可见。用白色绘画会使内容可见，而黑色则会将其隐藏。选择线稿图层，就像选择基础颜色图层一样，通过将其绘制成白色来将此选区添加到蒙版中。现在有一个覆盖角色的颜色和剪影的图层蒙版。

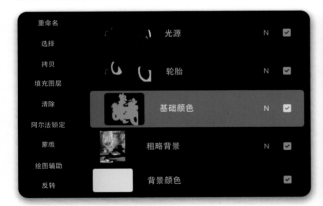

在开始绘画之前，确保清楚是在蒙版上还是在图层上绘制

16

考虑好光源的位置后，开始绘制阴影。如果想要在画中添加一些纹理，最好使用【素描】>【6B铅笔】画笔。当你垂直握住 Apple Pencil 涂抹时，会产生更深的颜色，而倾斜它时，会产生一种半透明、更有质感的颜色，这样可以调整阴影的边缘。可通过用手指在屏幕上涂抹颜色，或选择【涂抹】工具，使用【素描】>【Bonobo Chalk】画笔，进一步强调阴影的边缘。在阴影中绘制时，可使用颜色图层作为选区，例如，当你只想关注女孩或车子时。

形状越圆滑，阴影边缘越柔和

17

创建一个阴影图层的选区并选择【反转】模式，在其他阴影图层的顶部创建一个新图层，将其设置为【添加】模式。使用深黄灰色绘制亮部，当明亮的光线照射到人体皮肤时，皮肤下的血管被照射，你可以在阴影中看到一条发光的红色边缘。通过锁定阴影图层的透明度，并用橘红色绘制边缘来复制这种效果。接下来，在阴影图层上方创建一个新图层，并将其设置为【滤色】模式，绘制从地面反射回角色的光。使用深棕色，让面朝地面的阴影区域从下方发出微弱的暖光。

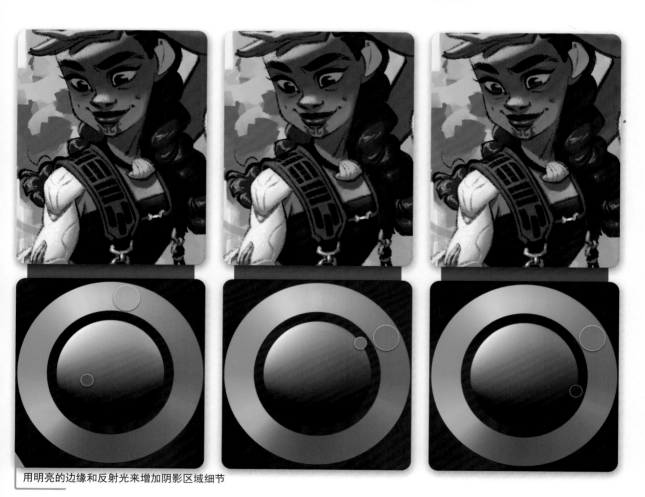

用明亮的边缘和反射光来增加阴影区域细节

18

图层设置的好处在于，它可以在你需要时进行局部更改。透明挡风玻璃图层看起来不在阴影图层的下方，所以将其移动到阴影图层的顶部。挡风玻璃线稿也要跟着移动，然后为整个挡风玻璃创建一个新的图层组。你可以用挡风玻璃图层制作一个图层蒙版，为挡风玻璃的透明度添加变化。例如，在猫爪子接触到它的地方，应该看起来更透明。在新的图层上，为挡风玻璃顶部添加高光反射，并绘制太阳能电池板。

使用图层蒙版为挡风玻璃添加透明度的变化

绘制太阳能面板

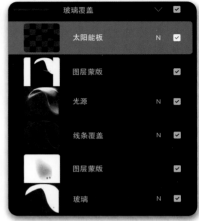

19

下一步是为角色的全息地图添加更多细节。复制全息地图的图层，点击【调整】>【泛光】菜单使其发光。使用图层蒙版确保全息地图没有覆盖角色手指。在顶部创建一个新图层，用于绘制地图线路。

接下来，在发光图层上点击【调整】>【故障艺术】菜单添加一些科技魔法。至于【故障艺术】到底是做什么的，这是一个谜，因此尝试不同的设置，看看会发生什么。并调整这些图层的透明度，直到找到你喜欢的效果。

Procreate 的【故障艺术】滤镜非常适合为全息地图添加科技感

20

手绘图案是展示角色与其本土文化联系的绝佳方式。寻找有助于准确地创建图案的参考资料。使用透明图层来描摹图案，然后在完成图案绘制后将其删除。由于图案图层位于阴影和光线图层的下方，它将以较自然的方式受到它们的影响。

在织物上仔细地创建图案细节

当添加本土文化图案和细节时使用参考

21

在顶部创建一些图层来绘制细节。添加反射细节，比如全息地图在女孩眼中的反射。添加精致的细节也将有助于充实仿生手臂和太阳能面板元件。在车上添加一些贴纸，让车子更具个性，并在猫脸上画一些胡须。

添加尽可能多的细节，让你的角色更生动

22

绘制环境时，要在靠近角色的前景区域绘制更多的细节，而背景中更远的地方可以相对模糊，确保焦点在女孩身上。特别注意角色边缘的区域要确保清晰。使用【自动】选区工具选中最远区域，然后调整【羽化】设置以软化选区的边缘。接下来点击【调整】>【高斯模糊】菜单和【调整】>【杂色】菜单来加强深度。

失焦背景有助于展示角色的世界，而不会分散注意力

在前景中添加次要细节，确保角色仍然是焦点

23

对画面进行最后的润色，将所有角色图层移动到一个组中。现在可以轻松地分别查看角色和背景。如果隐藏背景图层和初始背景颜色，则可以在透明背景上查看角色。用3根手指向下滑动，然后点击【拷贝全部】按钮，接着点击【粘贴】

按钮，这将在新图层上创建角色的副本。接下来，重新打开背景并对其应用【调整】>【色相差】功能，这将创建有趣的色彩边缘，类似于模拟摄影效果。在角色副本图层上使用相同的效果，但要将此图层设置为蒙版图层，并仅使其在靠近插图的特定边缘可见。

隐藏背景图层和初始背景颜色图层，以便在透明背景上查看角色

【色相差】是经典摄影中的一个缺陷，但在数字绘画中可营造出一种流行效果

专业提示

要创作出生活在另一个世界的角色是一个挑战，但也非常有趣！花点时间寻找灵感，探索新的想法，然后使用本例中的操作过程将你的想法付诸实践。

总结

作品描绘了生活在未来主义阳光朋克世界的一个爱冒险的角色。在学完本例教程之后，你已经了解了设计、颜色、光线是如何帮你营造积极和温暖感以及科幻效果的。现在，你知道了如何添加有意义的效果和细节以增强故事的表现，还知道如何创建一个灵活的图层设置，并用于由各种角色撑起的插画。尝试不同的光照环境，看看能创造什么！

魅影音乐家

莉珊娜·科特尤

"线稿通常不是绘画的重点"此种想法是时候改变了！在本例教程中，你将学习如何将线稿融入插画中，使其与作品的其他部分协调工作。它将专注于绘画而不是绘画技巧，它将向你展示如何快速生成角色造型的想法以及如何将这些草图提炼成线稿。本例教程将指导你从第一个概念的创建到最终的角色作品完成，并向你展示如何通过构思前景、中景和背景来构建插图。它将教你如何使用有限的调色板，如何定期检查明度值以及水平翻转的使用，以避免后续的麻烦。

本教程将演示英国摄政时代下的一位魅影小提琴手的创作。第一步总是先从研究开始。你对这个时代了解多少？你需要了解多少？当时的时尚是什么样的？你如何握小提琴？观察小提琴手表演的照片，甚至观看视频，创建一个参考库以供参考。研究摄政时代的时尚并思考如何将其转换成魅影角色。当时的男人们留着性感的头发、迷人的鬓角，这些可以很好地转化为一缕缕幽灵般的发丝。

学习目标
学习如何：

- 使用有限的调色板，创造一个引人注目的角色

- 使用线稿来增强你的艺术效果，并作为最终的设计

- 为作品添加前景、中景和背景

- 使用明度值来确保作品的效果

01

　　创建一个尺寸为 280mm×215mm 的新画布，记住，画布越大，可用的图层数就越少，但是如果是创作一个大型项目可以通过使用多个画布来解决这个问题。接下来，选择背景颜色，柔和的羊皮纸板的颜色比默认的白色能减轻眼睛的疲劳。

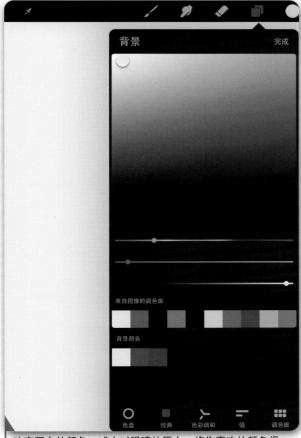

改变画布的颜色，减少对眼睛的压力，将你喜欢的颜色保存在调色板中以备将来使用

02

　　先决定用于绘制草图的画笔，本例的角色将使用默认和自定义画笔组合来创建。从可下载资源（见第 208 页）中选择【素描软铅笔】画笔，或者按照下一页的说明为自己创建。这是一种模拟传统的铅笔且带有一些纹理的绘制草图的画笔，比 Procreate 默认设置中的画笔更柔和。Procreate 有很多很棒的默认画笔，如果你喜欢探索，可以尝试自己制作或拖动现有的画笔滑块，直到它适合你的要求。

在【画笔工作室】中尝试不同的选项、形状或拖动滑块以创建有趣的新画笔

> ### 专业提示
>
> Procreate 可以创建并保存自己的调色板，以备将来使用。你可以创建一个调色板，该调色板由你喜欢的背景颜色（如灰白色）和你喜欢的绘画颜色组成。使用不同的颜色绘制草图非常有用，例如，在角色身上绘制衣服的时候。

画笔创建过程：素描软铅笔

虽然"可下载资源"（见第 208 页）中提供了【素描软铅笔】画笔，但你也可以自己创建它。点击画笔库中的【＋】图标，打开【画笔工作室】，Procreate 将提供一个默认画笔，你可以自定义它。素描软铅笔是一种用于绘制草图的锐利画笔，可以改变设置让它有一种柔软的质感以模拟真实铅笔的纹理。

在【描边路径】选项卡中，将间距设置为 17%，这个较低的百分比能创建更流畅的笔触。这个数值越高，你会看到更多单独形状的图案印构成的笔触。

在【锥度】选项卡中，将两个压力锥度滑块拖到中心。这将使每一笔的开始和结束都有一个强烈的锥度，从而画出更锐利的笔触。将【尺寸】和【压力】滑块拖到最大，将【不透明度】滑块拖到无，将【尖端】拖到锐利。这将改变【锥度】的设置，从而为每一个笔触创建带有不透明的、更锐利的锥度。

在【形状】选项卡中，点击【形状来源】>【导入】>【源库】>【Chinese Ink】选项，这将改变画笔的基础形状。将圆度滑块调整到 –63%，这将使画笔的尖端倾斜。

在【颗粒】选项卡中，点击【颗粒来源】>【导入】>【源库】>【草图 Paper】选项，这将为画笔添加颗粒纹理。最后选择【关于此画笔】选项卡并为画笔重命名为"素描软铅笔"来完成。

03

在背景图层上方创建一个新图层，并将其命名为"缩略图"，然后开始绘制一些探索性的缩略图以找到角色设计的大致方向。在这个阶段，你的画不需要看起来完美甚至漂亮，这一步只是为了将你的想法画在画布上。将参考图放在附近，将最终的概念记在心里，这些是你的参考。这个角色修长优雅，缩略图要专注于形状、角度和静态造型中的运动感。

画出各种不同的造型来传达同一个想法，看看哪个造型最适合

04

首先选择某一个缩略图，然后使用【选区】和【变换】工具将其放大以填充画布。降低不透明度，然后创建一个新图层，绘制更大的草图。要保持画面的概括性，避免过多的细节。思考组成角色的形状以及它们之间如何相互呼应产生流动，试着找出这幅画的节奏感。

在缩略图中，角色的小提琴离身体太近，遮挡了手臂。通过将小提琴从身体上移开，给角色的左臂留出空间来摆出更自然的姿势，从而使他的轮廓更舒展。

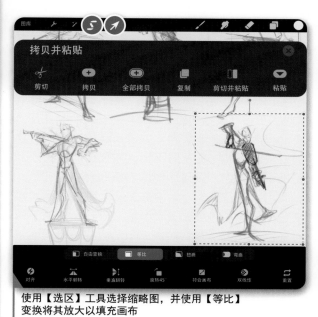

使用【选区】工具选择缩略图，并使用【等比】变换将其放大以填充画布

05

这个设计由许多直线组成：当他挺起胸膛时，角色的脊柱和腿是笔直的，而他的手臂、小提琴和琴弓形成了一个"X"形。他的头发和燕尾服表现出体积和弹性，与直线形成鲜明的对比，同时也营造了空灵的感觉。定期水平翻转画布，有助于发现错误和可以改进的元素。

用直线和曲线的组合将增加活力和趣味性

专业提示

长时间盯着屏幕，眼睛很容易感到疲劳，从而忽略了作品中可以改进的部分。可以点击默认的【速选】菜单或【操作】菜单打开【画布】选项卡，找到【水平翻转】。该功能可以通过插图的镜像，即时检查需要调整和修改的地方。

06

保持笔触放松，开始充实造型并探索角色的服装。合并缩略图草图图层，将不透明度降低到50%，然后在上面为服装的草图创建一个新图层。经常查阅你的参考资料，保持形状简洁的同时添加细节。可以为角色的不同元素创建多个图层和使用不同颜色。例如，整体形状和身体用蓝色，衣服用粉色，最后，无论你用多少种颜色和图层来完成设计，都可以更容易地区分作品中的不同元素，并且可以删除一些无用的内容图层，而不必因为整个图形位于一个图层上而需要仔细擦除某个部分。

不断完善草图，用不同的颜色设计不同的元素

07

如果对画面中的细节感到满意，则可以跳过此步骤并开始绘制线稿。但是，合并所有颜色图层，然后降低不透明度并再次以纯黑色在该图层上绘制线稿会很有用。不要忘记水平翻转画布以检查是否有错误。

使用【速创形状】工具绘制琴弓的直线：画一条线，将触控笔按在屏幕上，然后看着它捕捉成一条完美的直线

08

如前文所述，使用多个画布是应对 Procreate 图层限制的一种简单方法——尤其适用于内存较小或较旧的 iPad。现在让我们试试下面的操作。创建一个新画布，并将其尺寸设置为原稿尺寸的两倍：560mm×430mm。在画布信息中，你会注意到图层数量已经减少。初始画布中应该有两个图层：合并的颜色草图组和黑色的最终线稿。在不合并它们的情况下，将它们都导入新画布中，然后使用【选区】工具将它们放大以填满屏幕。

为多个画布创建一个【堆栈】，这将帮助你保持图库的整洁

09

下一步是用黑色绘制线稿。如果找不到达到所需效果的画笔，可以修改现有画笔参数，使其成为你自定义的画笔。"素描墨水软铅笔"（可下载资源见第208页）在某些方面类似于素描笔，但具有更清晰的特性，更适合绘制精细的细节，它具备更精细的笔尖。最初的素描画笔是圆形的，而这种定制的墨水画笔的笔尖是椭圆形的，可提供更高的精确度。这只画笔的用途很广：轻轻地绘制会产生柔和的线条，施加压力会产生更硬的线条，并且不会丢失粗糙的质感。

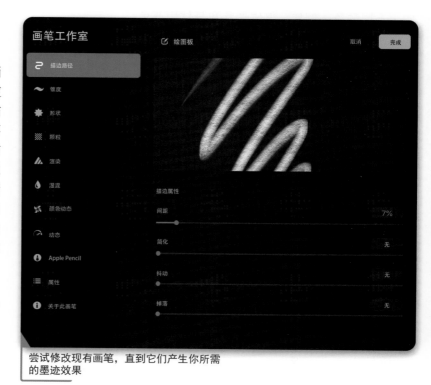

尝试修改现有画笔，直到它们产生你所需的墨迹效果

10

　　与绘制草图一样，保持画笔放松——线条比上一张图更明确，但也不用太干净。尝试通过控制画笔尺寸和压力来改变线条的粗细，让你的画面更具活力。尽量自由地使用画笔，不要强迫自己用一整条干净的线就画成任何内容——用几笔组成一条线可以给你的画增加厚重感和质感。因为角色的面部应该是整幅画面的焦点，所以多花点时间在面部。音乐家的面部具有最丰富的细节和线条变化，从而吸引了观众的眼球。相比之下，衣服可用较为简单的线条绘制，它们是用来支持设计的，但不是主要关注点。

面部要格外注意，保持线条轻盈

11

　　用墨水画笔绘制的时候要注意形状。草图中建立的流畅和节奏是否还在？这部分过程没有真正的逐步指南，因为非常直观，由适合角色的方式决定。尽量确保形状以自然和吸引人的方式相互融合，并在直线和曲线之间保持平衡。此外，在绘制织物的质感和外观时，要注意线条宽度。例如，夹克比马甲的材质更厚重，因此需要更粗糙的笔触。当绘制较长的线条时，比如夹克的下摆，注意是从肩膀而不是手腕上发力，让整个手臂都活动起来，可以让画笔更自由地移动。

继续勾勒线条直到你对
线稿满意为止

12

当你对线稿感到满意时，可以创建一个新图层为角色绘制一些纹理。例如，在西服马甲上添加刺绣，在裤子和外套上添加织物线条细节，在角色的面部、小提琴和蝴蝶结上添加一些柔和的阴影。使用相同的墨水画笔，将尺寸调小。绘制时要细心，笔触要细腻、轻盈。它们将为你的画面增添更多的细节和深度。

添加纹理和刺绣的细节：
永远不要低估精致优雅的
线条的力量

13

是时候确定一些颜色了。在线稿图层的下方创建一个新图层，并选择中性色作为角色的基础颜色，也可以用于最后一次检查轮廓。可以用不同的方法填充颜色，灵活地运用手绘和擦除来控制画面效果。再次近距离观察角色，从而发现任何需要重做或擦除的零散线条。

手动填充颜色需要做更多的工作，
但是能让你多加注意整幅作品

线稿及平面颜色

14

填充完基础平面颜色，你可能会注意到线稿和基础平面颜色的边缘不太和谐。要解决这个问题，可复制线稿图层，将其设置为【阿尔法锁定】，然后选择刚才用的基础平面的颜色对其进行平涂绘制。将此线条图层与平涂的颜色图层合并，并置于初始线稿下方，现在就有一个完美的颜色剪影了。这将有助于后续的步骤，因为它消除了线稿和基础平面颜色之间的任何空隙和不匹配区域。

合并线稿的副本并对线稿上色，以消除平面颜色的空隙

专业提示

观看缩时视频或一些视频教程可能会让人望而生畏，它会让你觉得自己的工作速度不够快，或者让你觉得那些艺术家在快得离谱的时间里做出了所有的正确选择。记住，没有人画得这么快！在绘制过程的每一步花费时间都是很重要的，你的工作速度真的不重要。

15

接下来是使用【素描软铅笔】画笔勾勒出背景。尝试以与绘制角色缩略图相同的方式进行绘制。将你的参考图放在附近，可以选择几种不同的风格。开始绘制大概的形状，此时不需要整洁，只要实用即可。专注于你想要创建什么样的整体构图，并以清晰的前景、中景和背景为目标。

魅影音乐家站在墓地里，角色、草、墓碑和栅栏构成了中景；树木构成了背景；最靠近观众的植物构成了前景。

这是粗略的背景，但它传达了对画面环境的整体构思

16

你可以使用与绘制角色相同的过程来优化背景环境。降低基础草图的不透明度，并在其上方创建一个新图层，绘制更明确的背景。思考整体造型，如果觉得不好看，不要害怕重做这个部分，因为现在是解决问题阶段。当你对草图感到满意时，就可以开始绘制线稿。使用【素描】>【铅笔】画笔为各自图层上的不同元素描边。背景不应该像角色那样详细，否则会分散注意力。绘制完线稿，就可以删除草图图层，因为你不再需要它们。

在新图层上优化背景草图

在草图上方的新图层上绘制线稿

17

在开始上色之前，介绍一个省时的技巧将帮助你检查作品。创建一个新图层，将其命名为"明度值"。用黑色填充图层，将混合模式设置为【颜色】模式。现在，当你打开图层时，你的作品将以黑白模式显示，因此可以看到作品的明暗关系。为了获得最佳效果，将画布缩小到拇指大小，然后打开"明度值"图层。以这种小尺寸查看作品将立即显示哪些灰度值融合在了一起以及你需要做哪些调整，以便清晰地观察绘图中的所有元素。（检查作品明度值的另一种方法是打开和关闭线稿图层，查看不同形状的轮廓是如何构成的。）

在所有图层上方设置一个"明度值"图层以检查作品中所使用的明度值

18

下一步是绘制背景中的不同元素。用从背景到前景的顺序，首先用蓝绿色填充画布，然后慢慢向前绘制，确保新添加的内容画在各自单独的图层上，以便在需要时进行调整。接下来，选择【气笔修饰】>【软气笔】画笔在背景上创建柔和的渐变，轻轻地绘制以产生颜色变化。使用【有机】>【棉花】画笔创建一些微妙的纹理。

对于树和其他背景元素，可将它们设置在各自的图层组中，保持线稿图层在顶部。使用【上漆】>【圆画笔】画笔在新图层上绘制颜色，不要忘记定期检查明度值。对于背景中的叶子和草丛，可使用【选区】工具勾勒出尖尖的形状并上色。通过创建两个图层的草来营造一些颜色的渐变。完成后，对线稿图层使用【阿尔法锁定】，并将纯黑色更改为能更好地与背景色融合的色调。

渐变色的背景构成了画面基础

19

现在回到角色。虽然音乐家是插图中最亮的元素，但你仍希望他的颜色是从已经建立的调色板内选择的。使用【上漆】>【圆画笔】画笔来给角色上色，并使用你之前制作的明度值图层定期检查灰度。完成后，将角色线稿和纹理线稿图层设置为【正片叠底】模式，以便与下方的颜色更好地融合。

使用之前制作的明度值图层来定期检查作品的灰度

专业提示

颜色可能会带来压倒性的效果，所以在开始之前花一点时间来考虑你的调色板，将使过程变得更容易。研究参考照片中的颜色——你可能希望将其用作主要调色板，甚至可以使用【吸管】工具直接从照片中选择颜色，或将颜色保存在调色板中以便于获取。

带线稿的作品

没有线稿的作品

检查有线稿和隐藏了线稿的画面，从而检查整个作品

20

虽然这个角色可能是个幽灵，但不意味着他不能有体积。要为角色创建体积感，在基础平面颜色图层上方创建一个剪辑蒙版，并将图层混合模式设置为【正片叠底】。选择浅蓝色，确定光线的方向后绘制阴影。细化阴影图层可能非常耗时，但不要急于求成，要在添加细节前打好基础，付出的努力终会有回报。

在普通模式下（右），可以清晰地看到正在绘制的阴影；而在【正片叠底】模式下（最右边），它很好地融入了绘画

21

前景离观众最近，在这幅作品中，它既是一个框架，也是与角色形成对比的元素。使用【手绘】选区工具选择树梢上的叶子，并沿着树根绘制一些椭圆形。接下来，使用【素描软铅笔】画笔绘制灌木丛的叶子和藤蔓。由于这是一个对比度较高的区域，观众的视线会被吸引至此，所以与画面顶部树梢的树叶相比更要注意这里。接下来，点击【调整】>【高斯模糊】菜单来模糊这些元素，这将增加图像的透视深度。

使用【高斯模糊】滤镜创建更强的深度感

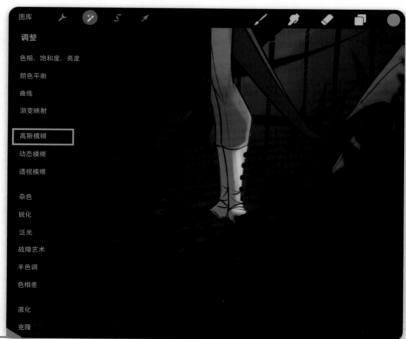

22

在进一步详细绘制细节之前，返回角色，在阴影图层上为阴影添加更多的色调变化，使各部分阴影都不是相同的纯色。为此，确保将图层设置为【阿尔法锁定】，只处理上一步绘制的阴影即可。为了保持和谐的色调，在光线无法到达的区域，例如衣服的褶皱处，添加蓝色和少量柔和的紫色。接下来，在角色的眼睛周围添加一些趣味性色调，并增加他的夹克领子的对比度。在这个阶段，需要巧妙地添加颜色，保持笔触的力度轻柔。结合【手绘】和【选区】工具用同样的方法来绘制头发。

为阴影添加更多的色调变化，包括在光线无法到达的区域添加蓝色和淡紫色

在脸部、头发和夹克领子周围添加更多细节和趣味性

23

返回到背景元素组。使用相同的设置【剪辑蒙版】和【正片叠底】的方法，将阴影应用于每个浅蓝色的元素，并为它们创建与角色类似的颜色变化。

接下来，该添加光影了。这个阶段需要大量的"体验"。你希望角色成为画面最亮的部分，让其脱颖而出，但你也需要让光与背景以一致的方式相互作用。选择浅蓝色，创建一个新图层，并将其混合模式设置为【滤色】，使用【选区】工具，添加几缕颜色较浅的草。再创建一个【滤色】模式图层，使用【气笔修饰】>【软气笔】画笔为角色脚部周围的地面添加柔和的光晕。接下来，为树木、墓碑和栅栏增加一些冷调蓝光。

使用【滤色】模式
绘制一些基础光源

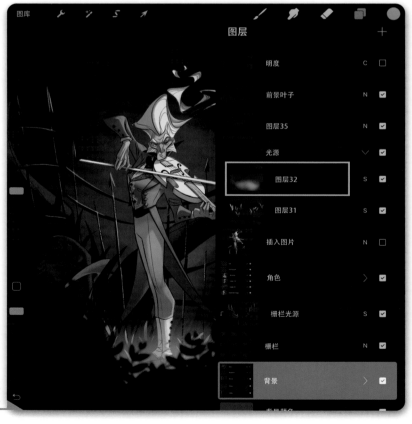

24

复制角色图层组，保留其中一个组作为备份，并合并另一个组。在合并的角色图层组中，选择【气笔修饰】>【软气笔】画笔，使用【擦除】工具轻轻擦除角色的腿部，创建一个微妙的渐变，使角色看起来像幽灵一样透明。接下来，在合并的角色组上方创建一个新图层。使用【手绘】选区工具，用浅蓝色绘制一些烟雾，创建具有动感的形状，就像从角色身上释放出空灵的漩涡一样。根据需要添加多个漩涡，每一个漩涡都有自己的图层。用阿尔法锁定图层并添加一些颜色变化。接下来，仔细地将【动态模糊】滤镜（【调整】>【动态模糊】）应用于每个烟雾图层，为其创建更多动感。使用【擦除】>【软气笔】工具擦除粗糙的区域以产生烟雾效果。

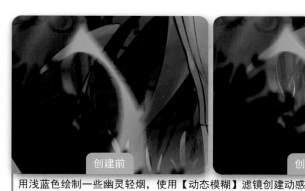

用浅蓝色绘制一些幽灵轻烟，使用【动态模糊】滤镜创建动感

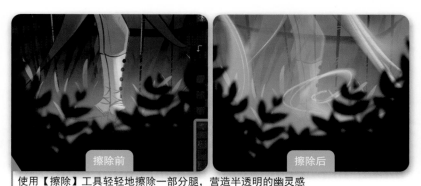

使用【擦除】工具轻轻地擦除一部分腿，营造半透明的幽灵感

用【动态模糊】滤镜创建幽灵的效果

25

在角色组图层上方创建一个新图层，选择浅色（接近白色），用【素描墨水软铅笔】画笔沿着烟雾和头发绘制一些细线，保持画笔放松，创造更多的运动感。接下来，创建一个新图层，将其设置为【滤色】模式，并在角色的脚周围绘制一层蓝绿色。在他的面部和小提琴周围重复绘制

柔和的蓝色光晕。在此图层上创建蒙版，并绘制面部的阴影区域以营造更强烈的对比度。现在光影已经完成，将作品单独放置一段时间，然后以新的视角再次进行观察。检查一下，哪些地方可以添加更多的趣味性。返回背景图层，使用【喷漆】>【轻触】画笔添加更多的纹理，并将图层设置为【颜色减淡】模式以表现蓝色光晕的效果。

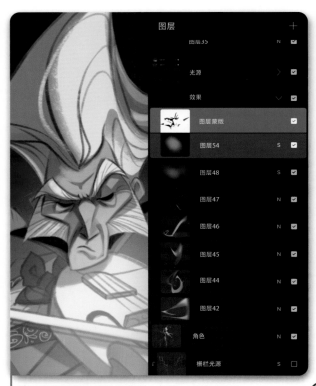

将面部的阴影区域设置蒙版，创建更高的清晰度

在面部和小提琴周围绘制柔和的蓝色光晕

总结

恭喜你创作了"魅影音乐家"！学完本例教程之后，你已经学会了如何在草图绘制阶段进行初步造型如何选择适合主题的调色板，以及如何将角色绘制右具有空灵氛围的背景中。本教程介绍了绘制线稿的重要性，要保证它足以承载插画的各种设计效果，使线稿和颜色能协同工作。在未来的角色设计中，你应尝试使用不同的画笔、纹理和颜色，要一步一个脚印地进行角色设计，保持绘画过程的整洁干净，别忘了享受这个过程！

女巫

制作漫画需要以尽可能最简洁的方式快速创建大量图画。绘制漫画通常有四个阶段：草图、线稿、颜色平涂和最终颜色。将作品的每个部分保存在单独的图层上会很有帮助，这样如果发现错误或想要改变颜色，可以对作品的不同元素进行单独修改，而避免破坏性的操作。

本教程将遵循非破坏性的工作流程，指导你完成漫画风格角色——神秘女巫的设计过程。它还将教你如何使用 Procreate 的工具和功能增强作品的氛围。记住，本教程只是一个指南，你可以尝试新方法并根据需要调整流程，当然，要享受其中！

学习目标

学习如何：

- 在简单的背景上创建一个漫画风格的幻想角色

- 遵循结构化、非破坏性的流程来使用图层

- 使用图层混合模式来增强光影效果

01

　　创建一个新画布绘制角色的草图。享受这个阶段的创作，不要害怕犯错。在你探索不同的想法时，可以使用参考图或从想象中汲取灵感。选择【素描】>【胡椒薄荷】画笔，在开始绘制角色草图之前，在画布上练习绘制一些笔触。注意，它就像一只真正的铅笔，可以根据施加的压力不同画出更浅或更深的线条，而且当你倾斜触控笔涂画时，线条是能够变粗的。用2个手指点击屏幕可以撤销你最后一次的操作。

使用类似铅笔的软画笔，例如【胡椒薄荷】画笔来创建角色的草图

02

　　你可能会在角色草图中更改一些比例或小问题。即使一切看起来都正确，也需要水平翻转画布以从不同的角度观察它，因为你可能会忽略一个你没注意的错误。Procreate 提供了各种变换工具，可用于调整草图的形状，你可以放大、缩小或稍微旋转。用【选区】工具选择需要调整的草图区域，再根据需要使用的变换功能进行调整。你可以尝试用【调整】>【液化】菜单来改变形状。

液化微调角色的腰部，让造型看起来更自然

点击【选区】>【手绘】菜单和【变换】>【等比】菜单来选择和调整作品的某部分，同时保持比例不变

点击【变换】>【自由变换】菜单来更改选区的比例，例如拉长腿部

完成角色草图，翻转回其初始方向

03

创建新图层，绘制一个简单的背景，与角色草图分开。确保在绘制之前选择新图层！启用【操作】>【绘图指引】选项，然后点击【编辑绘图指引】，在画面上添加透视导向栅格。启用【绘图指引】功能后，绘制的笔触将会捕捉到参考线，从而创建完美的直线。当你对角色草图和背景草图都感到满意后，用 2 个手指捏合这两个图层以合并。

绘制背景时，启用【绘图指引】和【绘图辅助】，使线条捕捉到透视辅助线

合并两个草图图层

04

现在准备绘制线稿。选择具有某种纹理的画笔，例如【着墨】>【干油墨】画笔，然后创建一个新图层，使线稿和草图分开。降低草图图层的不透明度作为参考，然后在其上方的新图层上绘制更干净的线条，只在该图层上绘制角色线稿。稍后，再新建图层绘制背景线稿。

为角色线稿创建一个新图层，与背景线稿分开

05

有了角色的线稿后，可以调整线条的权重（线条的粗细变化）。除了触控笔的倾斜和压力敏感度之外，【着墨】>【干油墨】画笔也会在线条的粗细上表现出一些变化。在凹陷的区域添加一些小的阴影，例如，下巴下方或衣服的层叠之间，这将为你的绘画增添额外的吸引力。可以在之前的同一个线稿图层上操作，稍微加粗这些区域的线条即可。不要过度，否则线条会失去表现力，看起来太粗糙。

使用线条的粗细变化来表现衣服的层次，并添加阴影来表现体积

定期缩小画面以检查是否过度使用线条的权重

06

创建一个新图层，为背景绘制线稿。如果草图中有几何元素，可以使用【速创形状】工具。例如，要绘制一个月亮，先绘制一个圆，在屏幕上按住触控笔，直到捕捉到一个完美的圆，然后点击【编辑】选项以根据需要调整形状。可以使用【速创形状】工具创建背景所需的其他任何完美形状。

为背景线稿创建一个新图层，与角色线稿分开

使用【速创形状】工具轻松创建几何形状

07

至此，你已经创建了许多图层，所以多花一些时间管理文件，以确保它们不会太杂乱。使用描述性的名称重命名图层，以便轻松识别图层上的内容，例如"草图"、"背景线稿"和"角色线稿"。接下来，为颜色创建一个新图层，并将角色线稿图层移到上方。选择角色线稿和角色平涂图层，将它们放在一个图层组里。对背景执行同样的操作：创建一个背景平涂图层，将其移动到背景线稿图层下方，然后将它们设为一个组。

为角色和背景分别创建新图层，然后将每个图层放置在各自的线稿图层下方

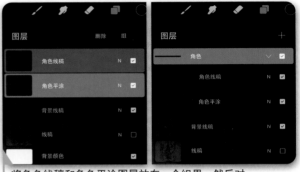

将角色线稿和角色平涂图层放在一个组里，然后对背景图层执行同样的操作

08

开始创建基础颜色图层。在角色平涂图层上绘制角色，选择不带纹理和透明度的画笔，例如【着墨】>【工作室笔】画笔，以创建统一的填充效果。使用此画笔可以绘制闭合形状。然后使用【色彩快填】从右上角拖动颜色放入形状中以填充颜色。选择明显的颜色，比如这里使用的粉色，如果你画到了线条外的区域，会很容易看出来。

绘制角色轮廓，确保没有空隙

使用【色彩快填】模式为形状填充颜色

09

对背景元素重复"08 步骤"中所述的过程，为地形、岩石和月亮填充颜色，并为背景平涂和线稿图层创建一个新图层组。一个组用于角色元素，另一个组用于背景元素，这样你可以分别处理它们，以便在之后进行更改。在角色平涂和背景平涂图层上启用【阿尔法锁定】功能。这将确保只在填充的形状上绘制，防止你在任何锁定之外的区域绘制。现在，你可以在这些形状上自由绘制，无须担心超出轮廓。

选择背景平涂图层，然后围绕要填充的背景区域绘制轮廓

使用【色彩快填】，用选择的颜色填充形状

阿尔法锁定角色平涂和背景平涂图层

10

花点时间思考一下颜色。角色的调色板将由绿松石、蓝色和泥土色组成。如果你不确定使用什么颜色，那么创建调色板的一个简单的方法是使用喜欢的照片上的颜色作为参考。点击右上角的色样，打开调色板选项卡，然后点击【+】>【从"照片"新建】菜单。选择一张照片，Procreate 将从中生成调色板，选择设置为默认，使其显示在调色板菜单中。用这些颜色给作品上色，但你可以大胆尝试进行一些变化。

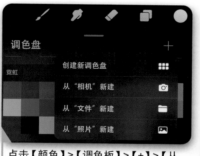

点击【颜色】>【调色板】>【+】>【从照片中新建】菜单，从照片中导入调色板

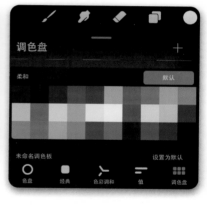

专业提示

到了这个阶段，你已创建好角色和背景并准备上色。你已经学习了如何将角色的不同元素分为不同的图层组，甚至可以为前景元素添加一个新组，以增加作品的趣味性。下一步是考虑颜色和氛围。由于是在单独的图层上绘制元素，你可以根据需要返回并调整任何细节。

11

选择粉色图层，点击【调整】>【色相、饱和度、亮度】菜单，将亮粉色调整为更中性的颜色。现在，如果你发现在绘画的过程中漏掉了一些内容，那也没关系。

使用【调整】>【色相、饱和度、亮度】功能将粉色调整为更中性的颜色，可将其作为基础颜色

12

选择角色平涂图层，开始绘制不同的颜色区域。平涂颜色，不画阴影，以便之后需要时方便更改。使用从照片中创建的调色板，或者尝试新的变化，只要确保颜色和谐统一即可。由于图层已设置阿尔法锁定，你可以在其上自由绘制。颜色相同的区域，例如角色的皮肤，使用【色彩快填】填充它们。将触控笔按在屏幕上左右滑动以调整色彩快填的阈值。如果阈值太高，颜色会从轮廓中溢出并填到其他区域。

勾勒出具有相同颜色的区域，例如皮肤

如果色彩快填的阈值太高，颜色会溢出轮廓

尝试降低阈值，直到颜色填充预期的区域

重复相同的过程为角色的不同区域着色

13

重复步骤 12 中介绍的上色
过程，但这次是为背景平涂图层
上色。将较亮的颜色留在作品的
上半部分，以确保焦点在月光下
的角色面部。将颜色设置为蓝色
和绿色，以使角色中的红色更加
突出。选择背景颜色图层，将默
认的白色改为更适合的颜色，例
如，绿松石色更适合夜空。

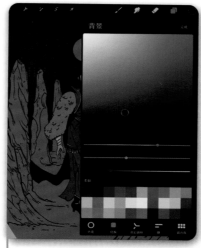

将背景颜色图层的颜色从默认的白
色更改为夜空的绿松石色

在背景平涂图层中绘制背景元素，
使用相同的色调创建变化

14

现在有了基础颜色，可以开始绘制光影了。
首先关注角色，思考光源相对于她的位置以及如
何使用光影来定义体积。在角色平涂图层上方，
创建一个名为"光影"的新图层，并将其设置为
角色平涂图层的【剪辑蒙版】。将光影图层的混

合模式设置为【滤色】模式（或尝试不同的混合
模式以找到你最喜欢的一种），选择浅色，例如
月亮的黄色，使用这种颜色在角色上绘制光影；
月亮在她身后，所以一点点轮廓光就可以使角色
从背景中跳脱出来。

创建一个新图层设置
为【滤色】模式

使用【剪辑蒙版】将光影图层
剪辑到角色平涂图层

在角色身上绘制光影，考虑光源（月光）
以及它如何洒落在角色身上的

15

为角色添加阴影时将采用不同的方法。由于角色的大部分面积处在阴影中，因此你需要用深色填充剪辑图层，然后在蒙版的帮助下擦除非阴影的区域。首先在角色平涂图层上为阴影创建一个新图层。它应该会自动剪辑到平涂图层，如果没有，就将其设置为【剪辑蒙版】。用深色填充

阴影图层并将其混合模式设置为【强光】模式。将图层的不透明度降低到 50% 左右，然后点击图层并为其添加【蒙版】。接着，在蒙版上填充黑色，擦除不需要的阴影区域。使用【着墨】>【干油墨】画笔画出锐利的边缘，使用软画笔（如【气笔】）绘制亮部区域，例如，角色的面部周围。

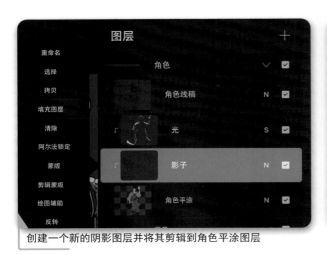

创建一个新的阴影图层并将其剪辑到角色平涂图层

使用【色彩快填】功能用深蓝色填充阴影图层

将图层的混合模式设置为【强光】模式并降低其不透明度

创建一个蒙版，然后在蒙版图层上绘制黑色，擦除不受阴影影响的区域

16

　　创建一个新图层，绘制背景的亮部。将其剪辑到背景平涂图层，并将其混合模式设置为【滤色】。与角色一样，在绘制背景光时要考虑光源（月亮）。使用浅色绘制各种形状，为水晶岩石添加一些纹理。别忘了在地面上添加几条光影，让它有一定的纵深感，但是不要过度。让月亮保持现在的样子。

为背景的亮部创建一个新图层，并将其剪辑到基础颜色图层

将图层的混合模式设置为【滤色】

在水晶岩石上绘制不同形状以创建纹理

17

　　下一步为背景添加阴影。在背景基础颜色和背景亮部图层之间创建一个新图层，仔细检查它是否被剪辑到颜色图层。将此新图层的混合模式设置为【强光】模式。与亮部一样，在绘制阴影时尝试添加一些纹理和形状。不要忘记添加岩石和角色投射的阴影，这将有助于为场景中的所有元素统一设计打好基础。

将新的背景阴影图层设置为【强光】模式，并根据自己的喜好调整不透明度

在背景上绘制阴影以创建纹理和体积

18

接下来，添加一些手绘渐变效果以完善作品。在背景平涂图层的顶部创建一个新图层，并确保它被剪辑到该图层上。选择【喷漆】>【超细喷嘴】画笔，在岩石底部绘制深蓝色，以将其与地面融合。

使用【吸管】工具选择月亮的黄色，然后在岩石和地面上绘制一些黄色光线，使其呈现微弱的散射效果。对角色重复此过程，在角色平涂图层的顶部创建一个新图层，对其进行剪辑，并在上面绘制细节，但要更加微弱。在角色的皮肤上添加一些红色让她看起来更有活力。

为颜色细节创建两个图层：一个在背景平涂颜色上方，一个在角色平涂颜色上方

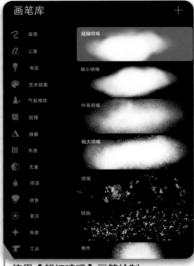

使用【超细喷嘴】画笔绘制渐变，并依次为背景和角色添加一些颜色变化

添加渐变会让整个设计看起来更加统一

19

虽然可以将线稿保留为黑色，但对其进行上色会增强设计感。可以使用【阿尔法锁定】功能锁定线稿图层，然后用新颜色来进行绘制，并使用【颜色平衡】滑块来完成操作。点击【调整】>【颜色平衡】菜单将线稿更改为深红紫色。选择较浅的颜色绘制眼睛下方和鼻子以及嘴巴周围的线条以柔化她的五官。使用较浅的蓝色重新绘制魔法火焰的光线。

按照相同的方法重新绘制背景线稿，但这次使用蓝色来匹配背景中的颜色。用浅蓝色重新绘制岩石的线稿以使它们略微变浅，让角色从背景中跳出来。用非常浅的黄色重新绘制月亮的线稿。

用【阿尔法锁定】功能锁定线稿图层以便将其绘制为不同的颜色

点击【调整】>【颜色平衡】菜单将角色的
线稿颜色更改为暖色调的深色

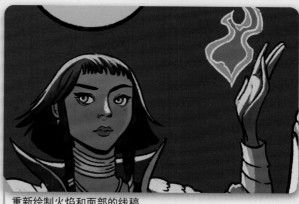

重新绘制火焰和面部的线稿
颜色

用浅色重新绘制月亮和
岩石的线稿

20

下一步是为月亮添加更多的细节。绘制环状光晕可以使其看起来更醒目，同时能增强构图效果。尽管草图中暗示了这些元素，但它们没有画在线稿图层上，最好是在背景之上的新图层上绘制它们。为月光创建一个新图层并使用【速创形状】绘制几个与月亮相同的黄色圆圈。复制该图层，选择底部副本图层，并点击【调整】>【高斯模糊】菜单，将其设置为 15% 左右。将两个图层合并，然后将图层混合模式设置为【添加】以创建发光效果。使用相同的黄色重新绘制月亮，使其与环状光晕相匹配。

在背景上创建一个新图层，然后使用【速创形状】绘制月亮周围的环状光晕

复制环状光晕图层，选择底部副本图层，然后应用【高斯模糊】创建发光效果

合并两个图层，将该图层设置为【添加】模式，然后重新绘制月亮，使其颜色与环状光晕匹配

21

现在，是时候让天空看起来不那么单调了。选择背景颜色图层并稍微提亮色调。接下来，使用【吸管】工具选择天空的颜色，并将其调整为浅蓝色。在背景平涂图层上方创建新图层，使用【喷漆】>【轻触】画笔和浅蓝色绘制星空中的星星。调整画笔大小，直到你认为尺寸合适。接着选择一种软画笔和相同的颜色，在角色背后画一些笔触，以暗示更多的光点，使角色在夜空中脱颖而出。

稍微提亮背景颜色

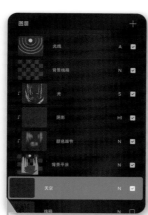

在背景平涂图层上方创建一个新图层，然后使用【喷漆】>【轻触】画笔绘制夜空中的星星

使用软画笔在角色背后添加一些光点，将有助于使她从背景中脱颖而出

专业提示

虽然角色在这个阶段看起来不错，但还没有完成！不要试图跳过接下来的步骤，包括绘制高光，进行一些细微的颜色调整，并添加几个最终细节以增强作品效果。记住在执行每一步骤时要在它自己的图层上操作，这将使之后更容易返回并进行更改。

22

添加白色高光将有助于使角色脱颖而出。在所有内容之上创建一个新图层，选择【着墨】>【干油墨】画笔，选择白色，然后为角色的轮廓绘制高光。使高光与光源一致，但不要害怕突出其他细节和相关特征。为神奇的火焰添加更多细节，用小笔触添加一些火苗物质。尽情尝试并享受其中！

在所有图层之上创建一个新图层，然后使用白色为魔法火焰添加高光和额外细节

23

分别调整角色和背景，合并一些图层。若你希望保持图层完整，首先隐藏所有角色图层（包括白色高光和月光），直至只看到背景。接下来，点击【操作】>【拷贝画布】菜单，然后将其粘贴。将这个新图层放在背景图层之上，但在月光环状光晕图层的下方。从现在开始将在此图层上修饰背景。对角色执行同样的步骤，当有了这两个新图层，记得取消隐藏高光和月光图层。

隐藏所有的角色图层以及高光和月光，直到只看到背景

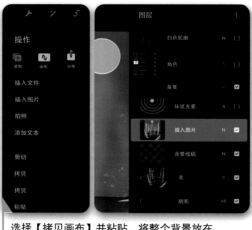

选择【拷贝画布】并粘贴，将整个背景放在一个图层上，同时保留单独图层为备份

对角色重复相同的步骤，将整个角色拷贝并粘贴到一个图层上

24

稍微模糊背景以创建纵深感。选择新的背景图层，点击【调整】>【高斯模糊】>【Pencil】选项，然后在最远处的岩石上进行绘制，以稍微模糊它们。使用此功能只有在绘制的区域会变得模糊。接下来，通过在月光环状光晕图层上使用【调整】>【泛光】滤镜来增强光影效果。

现在，是时候使用【调整】>【曲线】菜单来调整颜色了。增强角色的红色调和背景的黄绿色调，使角色更加突出。为了使角色的上半部分更突出，同时将下半部分和背景统一，在角色图层顶部创建一个新图层，选择【剪辑蒙版】将其剪辑到角色上，然后使用一种软画笔在她的小腿和脚上绘制一些绿色。将此图层的混合模式更改为【变暗】并降低其不透明度。

使用【调整】>【高斯模糊】>【Pencil】选项模糊最远的岩石以创建纵深感

点击【调整】>【泛光】菜单为环
状光晕添加更多的发光效果

点击【调整】>【曲线】菜单调整背景中的蓝色和绿色以
及角色中的红色色调

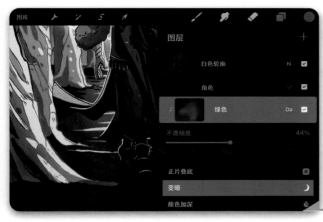

在角色的小腿和脚周围绘制一
些绿色，将图层的混合模式设
置为【变暗】，并降低其不透
明度

25

最后一步为角色添加一些魔法效果以增
强奇幻感。在所有图层上方创建一个新图层，
然后选择白色或者很浅的黄绿色，使用【着
墨】>【干油墨】画笔绘制小的圆形图案，就
像雪花一样。将图层的混合模式设置为【颜
色减淡】，接着点击【调整】>【泛光】菜单
来创建神奇的效果。通过点击【操作】>【拷
贝画布】选项，拷贝所有画布然后粘贴。在
这个新图层上，点击【操作】>【杂色】菜单，
将数值设置为 4% ～ 7% 之间，这会使作品
看起来更和谐。

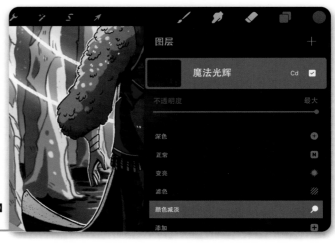

将新图层设置为【颜色减淡】
模式以创建魔法效果

绘制小的圆形图案，就像漂浮的
魔法粒子

对漂浮的粒子图层应用【泛光】滤镜
以增强魔法氛围

拷贝并粘贴整个画布，然后点击【调
整】>【杂色】菜单做一些微调

专业提示

这种非破坏性的创作方法可让你反复修
改。你可以轻松地修改线稿或基础颜色，
而无须重做其后的每一步。这对于初学
者和专业人士来说都非常有用。熟悉该
过程后，你可根据需要对其进行自定义，
例如最小化图层的数量，或随时合并图
层，调整流程以适应你喜欢的方式。

总结

　　作品展示了一位魔法女巫正在练习她
的神秘巫术。光影效果有助于加强角色的
魔法氛围。尝试用不同的图层混合模式和
调整功能，以增强设计并快速传达特定的
氛围。由于所有图层都是独立的，因此可
以返回到光影步骤尝试不同的效果，例如
改成晴天，这将彻底改变插图的氛围。

骑手

乔迪·拉费布雷

一个好的角色设计用一张图就能尽可能多地告诉观众关于角色的信息。本例将指导你了解如何创建一个骑手角色，从最初的缩略图到最终的角色作品，包括各种艺术调整和效果以增强作品的氛围。教程的前半部分将介绍如何创建和定义角色，包括使用纯色和线条来添加细节。下半部分将指导你完成绘画以及应用激发观众想象力的艺术技巧，探索如何利用 Procreate 的纹理画笔和创造性的调整功能来营造环境。此过程将帮助你了解构成角色设计的层次和细节。

学习目标

学习如何：

- 在环境中创建一个角色，有助于定义这个角色，并呈现他的故事

- 使用明确的线条尽可能多地传达有关角色的详细信息

- 使用绘画和调整来创建大气的氛围和简单的风景，以增强角色作品的效果

01

在 Procreate 中创建一个新
的角色时，最好先在画布上用
一些线条和形状来绘制出角色
的基本大形，尤其是新手。放
大和缩小作品可能会让艺术家
感到迷茫，因此为你的角色绘
制一个粗略的概括形状可以为
完成工作提供有用的信息。思考
你的构图，把注意力集中在整个
画布上。

**试着用一只平滑的画笔（例如【素描】>【技
术铅笔】画笔）来绘制初始草图**

02

在形状图层上方创建一个新图层，在该图层上绘制更详细的角色草图。尽量保持线条的放松，并保持整个画布在视野范围内，以帮助你构建良好的构图，记住之后要添加的细节位置。使用【选区】和【变换】工具来修改和调整需要校正的图像部分，而不是简单地擦除再重新开始。

使用【选区】和【变换】
工具调整设计和构图

03

当你对草图感到满意后，降低此图层和形状图层的不透明度，直到它们变成浅灰色。在这些图层上方创建一个新图层，以绘制更精细的角色设计。保留这些图层可以确保不会丢失任何信息，并可以在需要时返回修改。如果角色由不同的元素组成（比如骑手和马），或者有背景，则需要为每一个元素单独新建图层，以便你可以分别修改或调整每个元素的比例。

降低形状图层和草图图层的不透明度，
以便将它们作为绘制更详细草图的参考

04

重复这个过程，直到你的角色设计更完善。Procreate 画笔可以根据你绘制时的压力和倾斜度以及更改它们的尺寸和不透明度来产生各种笔触。尝试使用【素描】画笔库中的画笔，例如【素描】>【技术铅笔】画笔。避免迷失在太多细节上，把细节留到最后的过程。

尝试使用【素描】画笔库中的画笔，
探索压力、倾斜度、尺寸和不透明度
如何影响你的画笔笔触

05

尽管你可以在优化角色的某部分时放大并专注于它们，但要记得返回到全画布视图来查看整个画面。确保设计的整体画面中没有添加过多的细节。一些艺术家更喜欢在绘制线稿之前创建高精度的绘图，而另一些艺术家则更喜欢大致勾勒的线条。无论你采用哪种方法，最终草图都是整个过程的第一个里程碑，应该足够扎实，以便你可以在脑海中回想起它。完成最终草图后，你可能希望制作一个副本保存在你的图库中作为备份。

返回全画布视图以查看最终草图

06

下一步是绘制明确的线稿。若想在透明图层上创建详细、精确的线条，以便在后续的步骤中更改它们的颜色，可以在最终草图上方创建一个新图层，并用白色填充以降低其不透明度。接着，创建一个新图层作为线稿图层。

降低白色图层的不透明度直到它变成浅灰色，这样绘制线稿会更容易

07

从【着墨】画笔库中寻找一种能够以不透明的深色绘制出生动、清晰线条的画笔。记住，你可以根据需要更改画笔的尺寸和不透明度，不断尝试直到你可以找到一种能绘制出你想要的精细笔触的画笔。当你为角色设计添加更精确的细节时，可能需要放大画布的不同区域，但要避免添加过小的细节或过粗的线条，注意纹理和体积。使用下面的草图作为参考。

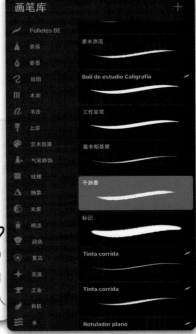

在这里，使用【着墨】>【干油墨】画笔绘制线稿，不改变其尺寸

08

完成线稿后，隐藏下面的图层，单独查看线稿。只有线条足够确定并具体，才能开始上色。角色的性格、服装、纹理和材质，甚至一些轻微的阴影都应该清晰地传达出来。与画草图一样，线稿也是角色设计过程中的另一个里程碑。因此，可能需要一段时间来确定要使用的画笔和纹理。同样，完成线稿后，你可能希望复制图像并保存在图库中。保存备份后，就可以删除文件中的草图图层，然后进入下一个阶段。

缩小范围从整体研究你的线稿

09

下一步是上色。在线稿下方创建一个新图层，使用单色填充整个角色，确保没有留下空白区域。使用的颜色将融入设计，并有助于确定基调，因此，请谨慎选择。每位艺术家都有自己喜欢的颜色选择方式，Procreate 提供了五种颜色模式，你可以选择最适合自己的方式。甚至可以在调色板模式下为角色创建调色板。在这里用饱和度低的灰棕色来填充马和骑手。

用单色填充角色，并考虑为角色创建一个调色板

10

在平面颜色图层上方创建一个新图层，并开始用颜色填充图形的每个部分。思考哪些颜色可以很好地彼此搭配，为衣服上的图案等小细节绘制新的颜色。当填充的颜色是纯色时，可以用【选区】工具轻松选择和更改它们。用一些精心挑选的颜色搭配使用，通常要比使用过多的颜色更好。选择的颜色数量将影响你最终的设计。这里的调色板大多使用柔和的灰色调，适合寒冷的环境和老年状态的角色。

选择能够彼此搭配的颜色，利用参考来获得灵感

11

在平面颜色图层下方创建一个新图层，在该图层上构建雪山的背景。接下来，选择带有纹理的画笔，画笔的质感应营造出模糊、失焦的背景，为骑手创建一个可信的环境。用 Procreate 的画笔做实验，找到一个能绘制此效果的画笔。也可以使用【擦除】工具，使用相同的画笔创建相似的绘画效果。专业艺术家通常会限制他们在角色设计中使用的画笔数量，他们会选择几只画笔熟练地使用创造不同的笔触。三、四种颜色就足够了，以避免环境过于复杂，从而确保视觉中心仍在角色上。

为角色创造一个失焦的环境，确保角色仍然是焦点

12

下一步是添加阴影。在线稿图层下方创建一个新图层，并将其混合模式从【正常】改为【正片叠底】模式。确定光源的位置，然后选择一种淡紫色，使用与线稿相同的画笔，开始绘制阴影。你会注意到，【正片叠底】模式将紫色转换为更暗、更透明的色调，且可以显示下面的颜色，从而在图片中创建体积和色调。你可以在较小细节或较大区域使用相同的颜色。

使用与线稿相同的画笔添加阴影，这将创建一致的笔触效果

13

下一步是添加一些风和雪花围绕着角色旋转，以创建一个狂野和险恶的山区环境。在角色上方和下方分别创建一个新图层。选择浅的灰蓝色，然后从【喷漆】画笔库中选择一种画笔，调整尺寸和不透明度以获得想要的效果。在两个新图层上分别添加雪花。注意不要过量，刚好可以反映出这座山正在下雪的景象即可。注意不要遮住角色的脸或其他重要设计。

仔细地在角色前后添加雪花，注意整体构图

14

　　探索【调整】菜单中可用的选项，专业艺术家会
有技巧地使用它们，仔细选择，不要同时使用太多。
点击【调整】>【动态模糊】菜单来模糊雪花，确保
从菜单中选中【图层】模式。对此进行实验，以创建
一个围绕角色旋转的类似暴风雪的动态感。

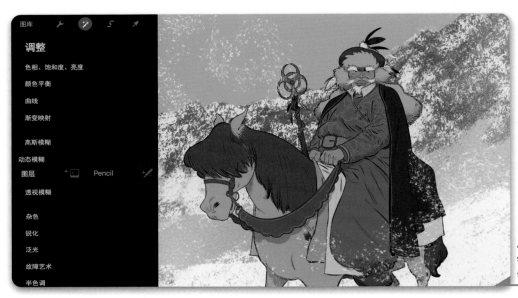

使用【动态模糊】滤
镜给雪花一种运动的
感觉

15

　　下一步是处理作品的整体色
调。试着用一种颜色来概括氛围，
会是什么颜色呢？一张苍白的、
像羊皮纸一样的灰褐色照片较为
符合这个特定图像的历史主题。
在最上方创建一个新的图层，用
选择的颜色进行填充，然后点
击图层面板上的混合模式选择
【色相】模式。这种模式会影
响它下面的所有图层。调整不透
明度以改变色调。

重要的是，这一步是在整个画布
上完成的，这样你就可以看到整
个作品的效果

16

在所有图层之上创建一个新图层，并用紫罗兰色填充它。将图层混合模式设置为【正片叠底】，这种紫罗兰色会影响下面的图层，营造出更暗的氛围。或者尝试使用不同的图层混合模式并找到你喜欢的一种。如果画面看起来太暗，不要担心，下一步将绘制光源。调整不透明度以将整体效果变亮，变为更微妙的紫色调。接下来，在顶部创建一个新图层，在图像的前景中重新创建一些暴风雪效果。

这一步可能看起来太暗了，但别担心，下一步将绘制光源

17

是时候选择主光源的颜色了。在所有图层之上创建一个新图层，然后从图层混合模式菜单中选择【强光】模式，接下来，用暖黄色填充图层以将光投射到角色上。此时黄色将铺满整个画面，影响图像中的所有内容，但这不会是最终效果。试着想象它只影响角色的某些部位，调整其不透明度、色相和色调，直到你对颜色感到满意。

忽略整体颜色，并尝试想象它从光源投射到角色上时会如何呈现

18

点击黄色光源图层，从【图层】菜单中选择【蒙版】。使用灰度值在蒙版上绘制，以显示或隐藏下面图层上的内容。创建一个从骑手的法杖散发出来的光环，然后向外扩散，展示光是如何落在角色的小细节和大体积上。光照射到不同的材质上会有不同效果，因此要有技巧地使用画笔，在他的皮肤、头发和衣服上绘制合理的光照效果。

专业提示

创建蒙版是一种创造性的方法，可以影响下方图层上所显示内容的不透明度。用白色绘制会显示图层上的内容，用黑色绘制会隐藏它。以某种灰度绘制将部分显示图层上的内容，这取决于灰色的深浅程度。

光有助于将焦点吸引到角色上，用它来展示角色的体积和细节

19

下一阶段是处理细节。在角色上方创建新图层，并使用与之前相同的【喷漆】画笔在他面前添加更多雪花。再次点击【调整】>【动态模糊】菜单创建一个暴风雪的环境，或者使用【涂抹】工具用手涂抹雪花。看看可以创建出什么样的暴风雪效果，但要小心不要过度使用，角色仍然应该是焦点。

在整个画布上添加雪花，注意整个画面的构图

20

下一步是增强法杖散发的魔法光效。为此，图像需要位于单独的一个图层上，复制文件并将备份文件保存在你的图库中，以便在你需要时返回该文件。在当前的文件中，将所有图层合并为一个图层。接下来，复制这个图层，你需要在不同的图层上至少有两张同样的图像。选择顶部图层并点击【调整】>【渐变映射】菜单，然后选择【图层】选项。使用它可以将黄昏的色调应用到场景中，并带有粉色阴影和金色的高光。

这种效果只会用在法杖周围的光照部分，试着想象它会如何照射到角色身上

> **专业提示**
>
> 此时，有些人会认为这件作品看起来已经完成了。然而，专业的润色往往来自可以将图像提升到另一个层次的小细节和特殊效果。使用像 Procreate 这样的软件工具可以轻松完成这些技巧。

21

在该图层上创建一个蒙版，和之前一样，在蒙版上绘制白色会显示下方的图层。从【气笔修饰】画笔库中选一个画笔，降低它的不透明度，然后用它在蒙版上仔细地将法杖周围和角色的上半部分用白色绘制出来，这是你希望光线照射并产生魔法效果的暖色渐变区域。

在蒙版上绘制白色，以显示下面的魔法光效图层，它能在角色身上投射出温暖的光芒

22

要在角色面前重新绘制更多的雪花，创建一个新图层，然后选择近乎纯白的浅白色。这种白色将从图像的其他部分脱颖而出，以创造画面的进深效果。在新图层上绘制一些雪花，使用【涂抹】工具稍微模糊它们。确保它们不会使画面的视觉中心被分散，角色应该始终是画面的焦点。

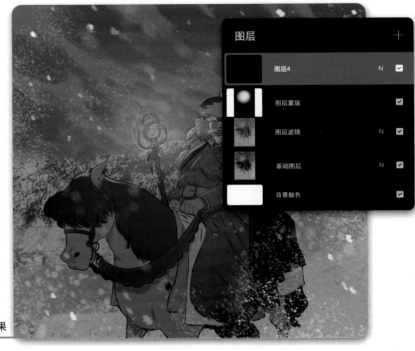

最后添加几片浅色的雪花，
以创造画面的进深效果

23

缩小查看图像，确保你对角色和环境都很满意。如果需要，花点时间以新视角重新观察它。进行最后的调整，然后保存图像。恭喜你，你的骑手角色完成了。

结论

一个有故事的角色应该通过大大小小的细节和设计选择构成作品并展现给观众。每一个笔触、颜色和特效的运用都应该考虑到这一目标。按照本教程的步骤，你可以创建一个引人注目的骑手角色，同时激发观众的想象力。你还可以创造什么历史人物？做一些研究，让他们活起来。

药剂师

法蒂玛·哈杰德（蓝鸟）

所有的艺术家都致力于为角色的创作注入个性和生命。本例将指导你如何实现这些关键要素，它将指导你一步一步地完成创作实践，详细介绍要使用的工具和画笔以及通过 Procreate 的强大功能加速这一过程的各种技巧。

你将学习如何将脑海中浮现的想法转化为草图，然后继续进行线稿的绘制，最后创建一个完整的角色设计。本例的背景简洁，角色是神奇的药剂师和她的宠物龙。本例将探讨如何使用参考图片帮助你选择光影和颜色以及如何解决常见错误，它们与你第一次做对的事情一样重要。

学习目标
学习如何：

- 通过探索角色的特点来绘制初步草图

- 使用【绘图指引】功能创建水平线

- 使用图层来构建角色，从草图到线稿再到颜色

- 添加细节，使用光线和阴影以增强设计感

- 模糊背景以使角色成为作品的焦点

01

首先写下你希望在最终作品中看到的所有内容，将这些想法记下来。对于这件作品，关键词是：神秘、炼金术士、优雅、肩上的龙、火、马车、市场和商人。这个角色将是一个温柔优雅的女性角色，她正在做她喜欢的事：和肩上的龙制作药水。他们一起工作，经常与其他商人一起去遥远的地方旅行。她的衣服应该很舒适，层次分明：棉质衬衫、皮马甲和丝质裤子。画面的氛围应该是激动人心的。通过这种方式写下意思明确的文字和计划，可使你一开始就了解角色，这将帮助你更成功地表达角色的个性。

一张粗略的草图用来展示角色的视觉效果

02

现在将你的想法快速地转化为角色全身正面草图。此时，你可以尝试绘制一些服装的细节，因为服装将是这个角色设计的关键元素。这张草图将成为最终的图像参考。当以这种方式绘制一幅画时，【对称】工具非常有用。点击【操作】>【绘图指引】>【对称】菜单，然后在参考图的图层上方创建【正常】模式的图层，绘制图形。探索有助于讲述角色故事的不同服装的创意。

使用【对称】功能快速绘制角色，并搭配不同的服装创意

03

使用【绘图指引】在此添加一条水平线，并将其保留在适当位置直到过程结束。这将帮助你从透视角度思考所有事物的角度。点击【操作】>【绘图指引】>【透视】菜单，然后根据自己的喜好调整水平线。

【透视】工具易于使用和调整，为正确绘制角度奠定了良好的基础

04

创作一系列小草图表现角色的生活，包括她每天做的事情。一种方式是绘制一条水平线以及一个分为 7 ～ 8 个部分的圆柱体，以表示这个年龄段的女孩角色的身体比例。将圆柱体弯曲到符合所选的透视参考，并使用它来尝试不同的角度，为角色的动作找到最佳、最清晰的造型。画面的焦点应该在她的面部和她正在做的事情上，所以最好将大部分细节和确定的线条放在她的脸和手部的动作上——这将吸引观众的视线到这些区域。离焦点区域越远，画面应该越松散、越不详细。

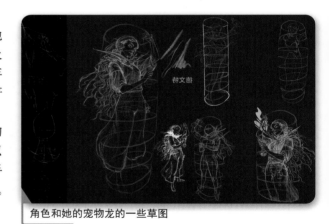

角色和她的宠物龙的一些草图

专业提示

经常水平翻转图像以检查作品的准确性。这是从新角度检查角色和你的想法，并修改你可能没有发现的问题的好方法。

翻转草图以重新检查

05

接下来，选择一个合适的角度和形式继续绘制，并在新图层上为角色创建基础草图。选择一种浅色绘制草图，尽量使人物动作和物体清晰。做到画面构图平衡是很重要的。在背景中添加一些书籍、瓶子、药盒和帐篷，以帮助讲述角色的故事。这些东西暗示了她与其他商人一起旅行。将此基础草图图层的不透明度降低到 50%，以便你可以在顶部的新图层上绘制更明确的草图。

角色的基础草图包括她的龙和一个简单的背景

06

在基础草图的图层上方创建一个新图层，开始绘制更明确的草图，从大形状开始然后再添加细节。现在，开始将背景中的物体绘制清晰。同样在这一个图层，试着对角色的表情做些创意性的设计，比如你想捕捉她的表情：她被自己正在制作药水的效果所惊叹。这可能需要一段时间才能达到你想要的效果，但在这个阶段，你可以慢慢尝试。在背景颜色图层中填充淡黄色是很有帮助的，这样画面就很容易吸引眼球了。

更明确的草图可以为接下来的线稿做好准备

07

在线稿开始之前，创建一个新图层并将其设置为【正片叠底】模式，为角色的剪影上色，检查你对整体造型是否满意。为此，点击【选区】>【手绘】选项选择角色，然后选择一种颜色将其拖放到所选区域中。你可以对单独图层上的背景物体执行相同操作。

点击【选区】>【手绘】选项创建剪影选区并用颜色填充选区

08

　　此时，画面中的每个小错误都变得很明显，例如，帐篷没有透视并且存在一些结构问题。创建一个新图层并使用对比色对这些问题进行纠正。你可

能需要一些时间来弄清楚透视，并使所有东西看起来有趣，最好在此时就进行调整，防止在错误的路上走得太远。一旦角色的服装设计、表情和简单的背景更加清晰，就可以进入下一个步骤了。

花费一些时间纠正错误

使用对比色标记新图层上的任何调整

09

　　在处理小龙这样的元素之前，最好先进行一些研究，你需要了解翅膀是如何运动的。发现你的不足，在你创作每一件作品的过程中来更新和增加你的知识。这样还能节省很多时间，让你有信心继续前进，不必在画画的过程中停下来做更多的研究。利用 Procreate 工作非常适合这一点，因为你可以在单独的图层上练习然后将其隐藏。

研究蝙蝠的翅膀为画小龙做准备

10

一旦你对目前的所有内容都满意了，即可准备绘制干净的线稿。为了绘制一个更好的背景，并使主要角色从周围的物体脱颖而出，将白色填充它们下方的新图层，并将图层的不透明度降低到50%。在这个白色图层上方，创建一个新图层，开始绘制线稿。用【素描】>【6B铅笔】画笔模拟传统铅笔的感觉。花点时间仔细地添加每一笔，而不是像开始阶段使用粗略的绘画方式。

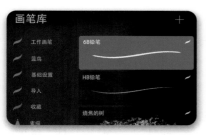

使用【6B铅笔】画笔
绘制干净的线条

11

为了创建均匀、统一的线条，在添加细节时不要放大或缩小画布，也不要更改画笔尺寸。通过这种方式，你可以简化较小的物体，并对细节进行更多控制。在将触控笔放在屏幕上之前，给自己几秒钟的时间思考，以避免产生任何不必要的线条。

绘制前

绘制后

继续在新图层上绘制最终的干净线条

12

对于这件作品，你可能希望背景非常简单，有点像水彩画。你可以选一张照片作为光影和色彩的灵感来源。但你需要确保它与你想要到达到的氛围相匹配，或者做出相应调整也可以。虽然目标是创造一个更神奇、不太真实的环境，但这张照片依然可以作为参考。创建一个新图层，添加简单的水彩效果。

用照片的颜色和光影作为
参考来设置基础背景颜色

13

现在，你可以将线稿图层的颜色更改为较深的颜色，例如深紫色。要更改线稿的颜色，用【阿尔法锁定】功能，再用所需的颜色重新在线稿图层上进行绘制。或者，可以选择图层并点击【调整】>【颜色平衡】菜单更改线稿的整体颜色。最后，将线稿的图层混合模式更改为【正片叠底】模式，以便后期能够与角色的颜色和谐混合。

更改线稿颜色，使
其融入最终图像

14

创建一个新图层，并为角色添加基础色。有多种方法可以为作品上色，一种方法是保存并研究你喜欢颜色的图片和绘画作品，研究你喜欢的颜色关系，然后运用在你自己的作品中。在这个阶段，你可以多次使用【重新着色】工具，这是尝试新颜色的有用工具。你还可以选择要更改的区域，将所选颜色从右上角色盘中拖放到所选区域中。拖放颜色时，可以向右滑动触控笔以将颜色添加到更多区域，或向左滑动缩小填充区域。

使用【重新着色】工具为角色添加基础色

尝试不同的颜色：马甲从棕色变成了紫色

15

在角色站立的帐篷内添加一些阳光，使其看起来更舒服。为此，创建一个新图层，将其设置为【滤色】模式，然后选择一个暖橙色，并使用软画笔进行绘制。【滤色】模式下的图层将限制饱和度。

在帐篷内和角色身上添加一些光

专业提示

时刻牢记光源的位置，这样你就可以想象光线是如何穿过并影响角色和场景中的不同物体的。如果使用参考照片，可以参考它来定位图像中太阳的位置。主要在可以增强图像效果的地方添加光线，用它来将观众的视线移动到你希望观众看到的地方。因此，你可以为主角的手臂和裤子添加一些光。

专业提示

不同的图层模式可以帮助模拟不同种类的光照效果。【添加】、【滤色】和【颜色减淡】模式都可以用于创建明亮的光效。尝试每一种模式，了解可以创建的不同光照效果。

16

现在是时候时使用软画笔在
新图层上添加环境阴影了，例如，
用【气笔修饰】>【软画笔】画笔，
或【气笔修饰】>【中等画笔】
画笔。

专业提示

绘制环境光和阴影位置的方
法是观察你要着色的事物表
面与你的视线相比较是怎样
的角度。如果它沿着你的视
线，该表面将没有机会向你
反射光线，并且会越来越暗；
但如果它与视线相交，则反
射的光线会更多且更亮。简
单想一下在阴影中的形状，
形状的角度若远离观察者，
则不会将光线反射到观察者
的眼中。

使用【软画笔】画笔在新图层上添加轮廓阴影

17

使用【剪辑蒙版】强化视觉
中心。在此案例中，角色正在制
作魔法药剂。你希望将帐篷的
内部被笼罩在阴影中，这样药
水产生的辉光看起来会更强烈。
帐篷外应该有一个较暗的背景，
以引起人们对魔法发生地的更
多关注。背景中的树叶可构成
一个深色背景。

将焦点聚在画面
的主要事件上

18

创建一个新图层，将混合模式更改为【滤色】，然后开始给角色和她的龙助手绘制药剂产生的光照效果。记住，离药剂产生的辉光最近的物体表面反射的光会更多，而离药剂较远的物体表面反射的光会更少。点击【选区】>【手绘】选项添加辉光，或者从阴影中擦除光。然后添加蓝色光，使背景中的帐篷暗淡下去，从而加深环境的深度。

点击【选区】>【手绘】选项添加辉光

19

为了帮助角色融入背景并绘制出更强的体积感，要创建一个新图层并将其模式更改为【滤色】，然后点击【选区】>【手绘】选项选择要处理的区域；或者，如果你想要选择整个角色，只须点击剪影图层，选择剪影并返回【滤色】图层，选择蓝灰色，然后使用软画笔，例如【气笔修饰】>【软画笔】画笔，或【气笔修饰】>【中等画笔】画笔，在角色周围添加颜色。如果要进行任何调整，可点击【调整】>【曲线】菜单以平衡颜色。

使用【软画笔】画笔
添加环境光或轮廓光

20

接下来，使用【色相差】为作品添加更多有趣的颜色。该工具会偏移 RGB 图像的红色和蓝色，以模拟摄影中有缺陷的相机镜头造成的故障效果。这种效果非常微妙，看起来像轻微的蓝色或红色光晕，产生类似电影画面的效果。为了实现这一效果，需合并所有图层。首先复制所有图层，以保留单独的版本可用。接下来，点击【调整】>【色相差】菜单应用效果。若想保持清晰和锐利的边缘，例如，角色的面部，你可以擦除任何区域上的效果。

使用【色相差】添加更
多的颜色效果

21

接下来是将背景向后推一点，弱化它的视觉效果。首先，再次拷贝并合并图层，然后点击【调整】>【模糊】>【透视模糊】菜单添加低强度的效果（向左滑动以降低强度）。在你想要保持清晰的地方擦除模糊效果即可。

添加透视模糊效果使
背景不那么清晰

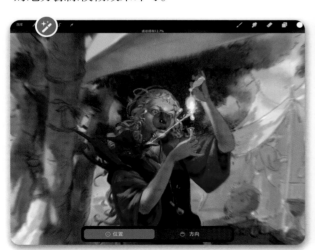

22

现在，这幅画即将完成，是时候通过添加细节和纹理将一切都结合起来了。要增加角色头发的动感，点击【变换】>【扭曲】选项，将出现一个扭曲网格——一个覆盖内容的网格，就像一张网一样，通过拖动角、边或内部网格，可以扭曲画面的任何部分。接下来，创建一个新图层，并使用【水彩】画笔绘制光线穿过帐篷照在树枝上的效果。

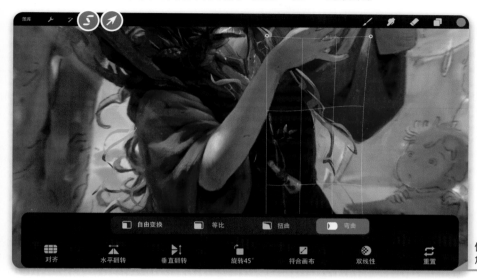

使用【扭曲】工具调整
角色头发的动态

23

从现在开始，将这幅画视为一个图层。将所有单独的图层都保留在下方，这样就可以随时调整它们。例如，如果你想选择角色，可以到剪影图层进行选择。在【图层】面板中将线稿图层移动到颜色图层上方，然后将其用作在角色衣服的褶皱周围添加高光和阴影的参考。使用【气笔修饰】>【软画笔】画笔进行此操作。接下来，考虑使用【艺术效果】>【普林索】画笔添加一些纹理。继续绘制角色，直到感觉整体效果统一。你可以通过使用【手绘】选择工具来创建选区。这样可以限制边缘，绘画笔触可以根据你喜欢的大小和纹理来控制。

绘制画面，使用线稿图层作为
给衣服添加高光和阴影的参考

24

现在一切都在正确的位置上，使用【上漆】>【湿亚克力】画笔和【素描】>【6B 铅笔】画笔来添加一些纹理细节。在图层混合模式为【正常】的新图层上执行此操作，依靠你的直觉来绘制。将图层混合模式设置为【颜色减淡】，点击【选区】>【手绘】选项来清理边缘。使用【上漆】>【湿亚克力】画笔，选择深棕色添加阴影，将观众的视线引导至角色，并平衡整体画面的明度值。为了检查明度值，在图层的最上方创建一个图层，将其混合模式改为【颜色】，并将图层填充白色，这将可以以灰度模式查看你的画面，检查明度值，并在需要时进行调整。

在设置为【颜色减淡】模式的图层上使用【选区】工具清理边缘

创建一个混合模式为【颜色】的图层并将其填充为白色，以查看作品的明度值

根据需要调整作品的明度值

结论

你的药剂师角色现在已经完成！对于你创建的每一个角色作品，注意记住哪些措施可以用来改进流程，以备下次使用。养成在进入主图像之前进行小型研究和颜色测试的习惯。这些可以使绘画过程更容易、更清晰。记下你的想法，开始绘制，发现你不喜欢画的内容，研究它们，像专业人士一样开始工作。

神枪手巫师

科里·林恩·哈贝尔

本例将指导你用 Procreate 创建一个携带弩、会施法的枪手巫师角色。这个角色的形象由很多古老的西方元素组成，他生活在一个危险的幻想世界里，到处都是巫师和杀手，他们想从疲惫的旅行者那里搜刮到任何他们能使用的工具。

首先我们要学习如何将缩略图变成草图，优化设计和线条，颜色的值和细节，然后再将画面细化为终稿。我们还将学习如何以易于维护和构建角色轮廓的方式整理图层以及如何创建发光的魔法火焰的效果。本例还将介绍如何创建一个简单的背景，在幻想世界中设置角色。

学习目标

学习如何：

- 使用图层构建角色，从缩略图到最终的设计

- 使用阴影和光线增强角色设计

- 使用画笔和涂抹工具以及线稿来绘制和控制图像

- 使用线稿和涂抹结合的方式创建角色

01

首先创建一个新画布并选择
【绘图】>【暮光】画笔。你也
可以在此步骤中使用另一个全能
画笔——【艺术效果】>【袋鼬】
画笔。练习一些笔触，使用侧边
栏的滑块调整尺寸和不透明度，
直到绘制出你想要的效果。打开
颜色菜单并选择一种深色来绘制
第一个草图。

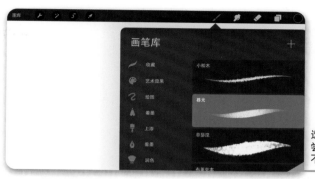

选择画笔和颜色，
尝试调整尺寸和
不透明度滑块

02

绘制一些粗略的缩略图来建
立角色的基础感觉，暂时不用太
注意细节。保持快速地绘制小尺
寸草图，专注于轮廓和主要形状。
观察人物造型参考图，探索角色
如何保持造型的稳定。为角色提
供一些有趣的道具，例如，斗篷、
弩、盾牌或魔杖。尝试画不同形
状和尺寸的衣服和体型，考虑这
些元素如何帮助你讲述角色的故
事。快速勾勒出草图，不用担心
它看起来比较凌乱。把它想象成
雕刻，你在用画笔刻画线条和阴
影，然后擦出亮部。要想擦出亮
部，可选择【擦除】工具，选择
【气笔修饰】>【硬画笔】画笔，
并根据需要调整尺寸。

快速绘制缩略图草
图，专注大形状而
不是小细节

03

选择最合适的缩略图并将其放大到全尺寸。为此，点击【选区】菜单，围绕所选的缩略图周围画一个圆圈，然后点击灰色节点以闭合选区；用 3 个手指向下滑动并点击【拷贝】，然后再次向下滑动点击【粘贴】，这会将缩略图粘贴到新图层上。关闭缩略图图层的可见性以隐藏它。接下来，选择新图层，然后点击【变换】>【等比】选项。拖动选框的一角直到角色填满画布，但要给角色的头和脚留出一点空间，记住保持整体构图。

选择你喜欢的缩略图，然后使用【选区】和【变换】工具将其放大以填满画布

04

在进行细节绘制之前，先思考角色的解剖结构和造型。花费一些时间来完善角色的造型并确保其解剖结构正确，即使它们隐藏在衣服下面。将草图图层的不透明度降低到 15% 左右，作为上方新图层的参考以绘制更精细的草图。如果需要，

可点击【添加】>【插入照片】菜单，将参考图添加到画布，以便帮助你绘制角色的造型。你可以在屏幕上移动此图片，并像更改其他图层一样更改其尺寸和不透明度。你还可以通过点击【图层】>【参考】选项将其标记为参考图片，以便在浏览图层面板时更清楚。

降低所选缩略图的不透明度，将其作为绘制更精细草图的参考

使用参考图来绘制角色的造型，在绘制草图时将它们添加到画布中

05

　　创建一个新图层并选择不同的颜色，例如橙色，以便在缩略草图上绘制角色的解剖结构。尝试让角色感觉在用身体对抗地心引力。要做到这一点，可以使用对立平衡（一种人物绘画技术），将肩部和臀部的角度形成对称，重量主要由一只脚承担。画出一个动态自然流畅的姿势。接下来，降低角色造型图层的不透明度，以便可以同时看到两个草图。复制放大的缩略草图，以作备份，然后隐藏副本。使用【选区】工具选择缩略图中与造型图层中不匹配的区域，接着使用【变换】工具相应地调整它们。点击【变换】>【扭曲】选项推动调整草图中的形状。接下来，隐藏造型图层并继续细化修改缩略图，直到你找出主要的设计元素，并为后续的过程打下良好的基础。

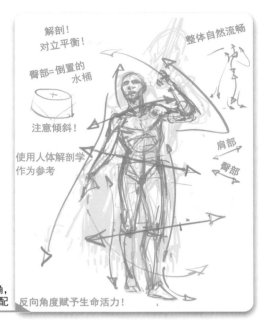

优化造型以确保其解剖结构正确，
然后调整缩略图进行匹配

06

　　将缩略图图层保持半透明的效果，为细致的草图创建一个新图层。放大新图层并开始绘制更详细的线稿。使用薄画笔仔细绘制设计草图，例如【绘图】>【暮光】画笔。填充阴影区域并使用大胆的笔触避免线条看起来断断续续。充实细节，如皮带扣、流苏、魔杖、弩的设计、服装元素以及它们如何悬挂在身上。使用一些参考帮助你准确绘制这些小细节。注意通过每一个笔触来暗示形状的变化。确保你的画面有较空的区域和集中细节的区域，以达到可看性和平衡性。太满的画面会让观众感到困惑，很难看到发生了什么。填补外部线条的空白，并小心控制外部边缘。如果轮廓是说明性的，那么在内部细节方面就不必绘制太多。

在新图层上创建更
精细的绘画，使用
大胆的线条来充实
细节

尝试绘制构成角色设计的各种轮廓、
形状和形式

07

对线稿满意后，点击【选区】>【自动】选项，按住角色外部的空白区域，然后移动触控笔缓慢向左或右移动，直到蓝色部分尽可能地与剪影相匹配。点击【反转】，这将切换选区以突出角色而不是他周围的区域。创建一个新图层，然后将其移动到你绘画图层的下方。选择饱和度高的深棕色并使用【色彩快填】填充角色的剪影选区。接下来，用【擦除】工具细化剪影的边缘，或者选择区域并根据需要擦除或填充以创建干净、清晰的边缘。

选择角色周围的区域，然后反转选区以便只选择角色

将颜色填充角色

使用【选区】工具和【擦除】工具修饰剪影

08

在当前图层下方的新图层上，先在角色旁边构建一个调色板。有很多方法可以创建配色方案：一种方法是选择出主要颜色、二级颜色和三级颜色。当你选择颜色时，可以在画布上涂抹以感受你将使用的画笔笔触。【艺术效果】>【袋鼬】画笔是一个很好的画笔，因为它有相当粗糙的边缘，可以创造出很棒的动态效果。如果你倾斜触控笔或增加画笔尺寸，就可以在宽广、柔和的笔触中创建奇妙的纹理和变化。你还可以将笔触与画布上现有的颜色混合，就像水彩一样。花费一些时间尝试使用【涂抹】工具。选择【涂抹】>【上漆】>【尼科滚动】画笔，它具有坚硬的外边缘和纹理。用你选择的画笔和【涂抹】工具在你的色板上试验，探索它们是如何根据你应用笔触的方式产生软、硬边的效果。

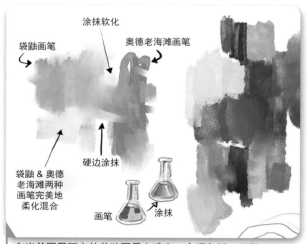

在当前图层下方的单独图层上建立一个调色板，以便在绘制角色时运用

09

选择线稿图层并将其设置为【剪辑蒙版】，这将使得下方的图层决定蒙版图层上哪些像素是可见的，这意味着无论你在上面添加多少图层，都不必担心绘制的时候超出外部形状而失去整洁的边缘。无论你想剪辑多少，它们都服从下方的那个图层。

将线稿图层设置为【剪辑蒙版】，这样你就可以在角色身上自由地绘制，而不会破坏剪影

10

在线稿图层和剪影图层之间创建一个新图层。调整线稿图层的不透明度，使其仅在剪影图层顶部可见，在绘制时将其用作参考。从调色板中为不同的服装元素选择颜色，像在涂色书中一样轻轻地画出颜色笔触。不用担心画出线外，因为它已被剪辑在下面的图层上。使用【艺术效果】>【袋鼬】画笔，它有相当宽的画笔尺寸，用长的、缓慢的、轻浅的笔触画上颜色。在有阴影的地方留出一些棕色底色，添加一点其他颜色。在光线照射到的地方绘制更多颜色。注意，如果更改较低的图层，都将影响剪辑到其上面图层中的可见像素。此外，在白色背景下绘制会使颜色看起来很暗，因此在进行此步骤前要将背景颜色图层改为中灰色。

在新图层上调整固有色

没有任何线时注意线稿和色块是如何协调的

将背景颜色从白色改为中灰色

11

点击【图层】面板中的当前图层，然后从菜单中选择【向下合并】选项，将平面颜色图层合并到其下方的剪影图层中，现在复制该图层，使其自动成为基础剪辑蒙版。选择顶部颜色图层，然后点击【调整】>【色相、饱和度、亮度】菜单，调整滑块，使角色看起来好像每个部分都在发光。这需要将亮度调到最大，适当增加饱和度，稍微调整色相以产生一些像彩虹一样的颜色变化。与之前相比，角色应该看起来充满活力并且饱和度增高了，但最终不会是这样的效果。

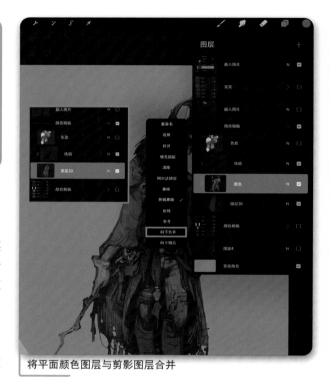

将平面颜色图层与剪影图层合并

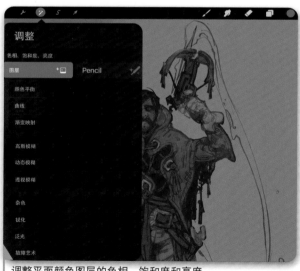

调整平面颜色图层的色相、饱和度和亮度，直到它被光覆盖

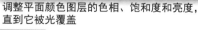

12

在【图层】面板中点击亮度和饱和度高的颜色图层，然后选择【蒙版】选项。在蒙版中用白色绘制，会使颜色图层上的像素可见，而以黑色绘制则会将像素隐藏。点击蒙版图层并选择【反转】，这将使蒙版变为全黑从而使图层不可见，并将你的角色投射在阴影中。接着，使用【艺术效果】>

【袋鼬】画笔将光线绘制到角色上。考虑光源方向并想象光线会照射到角色的位置，然后在蒙版上绘制白色来将这些区域变亮。如果需要擦除某个区域，只须将其绘制成黑色即可。添加光线后，使用【涂抹】工具在蒙版周围推动和涂抹以创建柔和的过渡，很快你就会发现角色变得更加立体了。

反转蒙版，使发光图层
不可见

考虑光线会怎样影响角色，然后给角色添加
光照效果

13

在光照图层上方创建一个新图层，将新图层的不透明度降低到 50% 左右，然后将其混合模式改为【正片叠底】，该图层将用于进一步细化暗部并添加阴影。首先观察角色的服装和道具会在哪里投下阴影，然后用【艺术效果】>【袋鼬】画笔以缓慢、轻柔的笔触将它们绘制出来，此笔刷

将在阴影上绘制一个坚硬、不透明的边缘，并具有更透明的纹理中心，以渗出些许微妙的反射光斑。仔细地在服装和道具的下方绘制小面积的阴影区域，涂抹边缘以使边缘在远离光的地方变得柔和。添加环境光遮蔽（见第 206 页），并在角色最暗的地方添加阴影。

在设置为【正片叠底】
模式的新图层上绘制阴
影，但不要过度绘制

根据需要加深某些区域并绘制更多细节

14

添加阴影后，创建一个新图层，在上面细化面部和其他焦点区域。现在确定面部的基础特征、添加阴影并绘制头发，仔细地在手臂、双手和胸部位置添加细节。你仍然可以使用线稿来描绘不同元素。接下来，合并图层并使用剪辑蒙版制作新的基础。为此，复制图层组并将其合并，以便剪影、线条、颜色、光和阴影都在同一图层上。隐藏旧图层组并复制合并版本，再次将其作为剪辑蒙版应用于基础。

花费一些时间为重点区域添加细节

放大以确定面部特征并优化其表情

15

用【涂抹】>【上漆】>【尼科滚动】画笔开始微调颜色以优化造型，并用已使用的颜色绘制画面。你的作品应该开始看起来不像工艺制图，而更像一幅画。通过涂抹颜色来完善造型，以草图为基础使用快速简短的笔触细心绘制，注意需要柔和过渡的地方。使用【尼科滚动】画笔横扫会产生硬边，但你可以通过反向涂抹来柔化边缘。使用【艺术效果】>【袋鼬】画笔添加更多颜色，绘制细节、高光、阴影和重点颜色，然后使用【涂抹】工具将其混合。

开始涂抹线条，打磨造型并在色块中绘制

16

使用相同的绘画涂抹技巧来细化面部、双手、道具和其他视觉中心区域。使用照片参考来帮助你准确绘制角色的面部。在设置为【柔光】模式的新图层上，在面部绘制一些颜色，使角色看起来更加生动。例如，在脸颊和鼻子上绘制红色和粉红色，在额头上绘制黄色，在眼球上绘制高光，在眼睛周围绘制夸张的紫色使其看起来有些疲倦，说明巫师被其强大的魔法能力压得筋疲力尽。尝试在【画笔】工具和【涂抹】工具之间来回切换，不要擦除错误，而是在错误上面绘制或涂抹它们，在顶部图层绘制更多的颜色即可。对此，你将开始了解创建数字绘画的强大工具之间是如何协同工作的。

为面部添加颜色，使用照片参考来绘制不同的阴影区域

在角色的眼睛周围添加紫色以显示他的疲倦

使用绘画涂抹技巧细化视觉中心

17

继续细化被光线影响的细节和造型，同时模糊一些阴影区域，留下一些粗糙、明显的笔触为作品增添活力和质感。有意识地添加一些笔触，例如为物体添加造型、纹理或阴影。不要胡乱涂鸦！接下来创建一个新图层，并将混合模式设置为【叠加】。使用较大尺寸的【艺术效果】>【袋鼬】画笔，用白色和黑色轻轻绘制以增加深度，同时注意整体画面关系。压暗角色的下半部分，提亮其上半部分，以将视觉中心吸引到角色面部，在你认为会增加视觉中心或纵深感的地方添加微妙的光，如有必要，可降低图层的不透明度。

在设置为【叠加】模式，和不透明度为 10% ～ 15% 的新图层上，使用黑色或白色的大画笔来增加角色的纵深感

18

减小【袋鼬】画笔的尺寸，在金属物品、道具边缘、眼睛、鼻子和头发以及其他可能具有光泽感的表面上绘制更清晰的高光。使用深棕色绘制阴影区域，以增加细节层次并增强角色的真实感。绘制的阴影不要过暗，而是尝试降低其不透明度以显示更多细节。

在设置为【覆盖】模式的新图层上，使用较细的画笔将精细的细节绘制到画面中

这是只显示【覆盖】图层时的效果

为面部和视觉中心添加微妙的风格化线条以增添艺术气息

19

再次复制所有图层，然后将其合并。在此时，角色应该看起来更接近最终效果，但仍可再重复一次绘画涂抹技巧以进一步完善画面，并修复画面最后的细节。注意面部、双手、胸部、魔杖以及其他视觉中心。让其他区域保持松散——这将增强画面的效果和风格。直接在新合并的图层上绘画，但需保留备份以防万一你想重新修改。

使用绘画涂抹技巧继续完善作品

20

现在你需要创建魔杖的神奇魔法火焰。在合并图层的下方创建新图层，用选区绘制魔法火焰的形状。使用【色彩快填】工具填充明亮、饱和度高的颜色（这里填充明亮的粉红色）。在此上方创建一个新图层并将其剪辑到下方的火焰图层上。在这个新的剪辑图层上，添加另一种神奇的颜色作为火焰的核心——橙色。核心颜色更浅，并选择与粉红色不同的饱和度。接下来，添加另一个剪辑图层，在内部绘制一个更浅的火焰颜色——暖白色。合并神奇的火焰图层，然后使用绘画涂抹技巧推动和旋转颜色，创造出能量和运动的感觉。

在角色身后添加一个巨大的魔法火焰，首先添加基础颜色，然后添加核心颜色

涂抹以混合颜色，并创造运动和魔法的效果

21

现在为魔法火焰增添辉光效果。复制火焰图层，然后点击【调整】>【高斯模糊】>【图层】选项。将触控笔向右拖动，直到图层模糊成发光的效果，将混合模式更改为【滤色】。如果需要，可以添加更多的发光图层并尝试调节其不透明度、色调、饱和度和亮度，以创建所需的发光效果。接下来，在角色上方创建一个新图层，绘制魔法光晕。使用【吸管】工具从魔法火焰中吸取颜色，然后将光线绘制在角色被魔法火焰照亮的区域上。添加环境色有助于加强角色的三维效果和魔法效果，但注意不要绘制过度。

使用【高斯模糊】滤镜为火焰赋予魔法光晕，然后在角色上绘制一些环境光

专业提示

Procreate 限制了可用图层的数量，因此你可能需要复制图像文件并根据需要删除某个图层，同时将旧图层保留在前一个文件中，并保留缩时视频。要始终在合并之前对图层进行分组并保存，以防你需要进行后退操作。你可以通过向右滑动来选择多个图层，然后点击【组】。你也可以将一个图层拖到另一个图层上以将其分组。接下来，在图层组上向左滑动并点击复制，取消勾选初始图层组以将其隐藏并保留为备份。

22

　　绘制背景可以使你的角色栩栩如生，让观众深入了解他们的故事和世界。在当前图层下方创建一个新图层，并将不透明度降低到50%。使用【艺术效果】>【袋鼬】画笔并设置为较大的尺寸，开始在背景草图下绘制大的色块，注意光线和角色的对比，以便识别角色轮廓。注意不要干扰角色在背景下的辨识度。保持轻松，避免添加过多可能分散视觉中心的细节。

在概括的背景中进行绘制，时刻注意整体构图

绘制一些大的色块，使用参考图借鉴灵感

23

　　在角色下方添加阴影，使其看起来像是场景的一部分，而不是贴在地上。在背景草图上方创建一个新图层并开始绘制，使用相同的涂抹技巧来绘制能够增强角色故事性的画面背景。考虑光源方向，并确保背景的光源与角色相匹配。试着在平面上思考，前景要比背景更清晰，从亮到暗，使其保持很好的画面效果，使用较松散的色块来描绘背景中的物体。自由使用【涂抹】工具，并使用大量短促、快速、垂直的笔触在阴影、树干和树叶中进行涂抹。在天空中为云朵绘制亮部区域，使用【涂抹】工具画圆将它们混合成云朵的形状。不要担心添加太多细节——最终的背景可以是概括的并具有绘画感的，因为你希望角色成为焦点。这里的目的是使角色看起来更好并在故事中扎根。

在背景草图上创建一个新图层并在背景上绘制颜色、光线和阴影

24

　　使用绘画涂抹技巧来完善作品，确保角色和背景具有相同的光影效果，确保角色的面部和细节能够吸引观众的注意力并传达正确的氛围。添加所有需要的最终细节，改善某个区域，或向后推和模糊化。此时还可以添加你以前没有想到的新元素，当你觉得满意后，你就可以保存最终的角色设计了。

结论

　　通过学习本例教程，你学会了如何使用角色的故事来影响你的设计选择构建层次，从而创作出一个在危险而神秘的幻想世界中前行的有震慑力的神枪手巫师。在这里，角色徘徊在充满毒雾的山谷中，拿着拥有高能量的弩箭来抵御敌人。本例向你展示了如何在角色上添加阴影和光线以赋予他深度感，如何通过涂抹线条和颜色来创建角色。

绘制步骤分解

一个蓝色，一个棕色

帕特里希亚·沃伊奇克

草图

线稿

基础颜色

终稿

逃亡中的美人鱼

奥尔加·阿苏洛克斯·安德里延科

线稿

基础颜色

阴影

终稿

环礁湖的美人鱼

莉珊娜·科特尤

线稿

基础颜色

添加细节和颜色

终稿

冒险搭档

阿马戈亚·安吉尔

草图

线稿

基础颜色

终稿

骑手

乔迪·拉费布雷

初始草图

线稿

基础颜色

终稿

幽灵女孩

法蒂玛·哈杰德（蓝鸟）

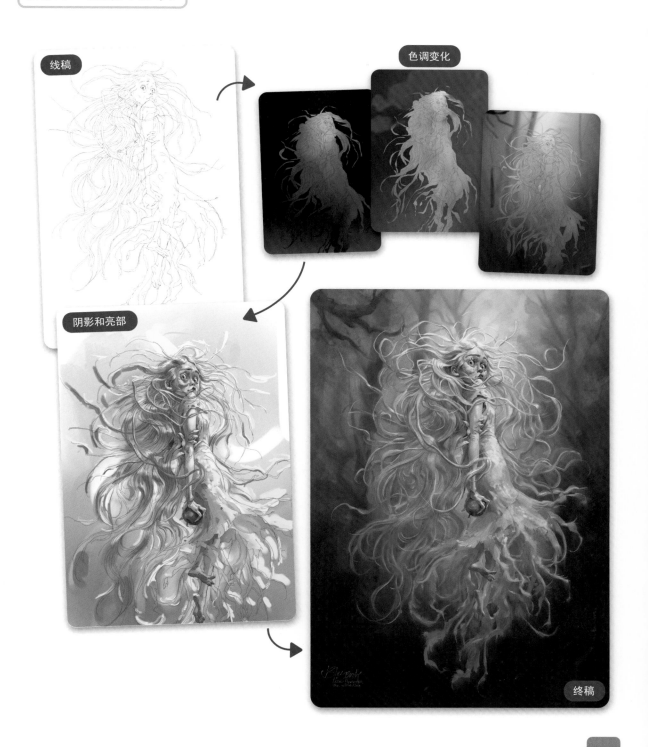

线稿

色调变化

阴影和亮部

终稿

赛迪·艾恩克雷斯特和布拉德伍德监狱长

科里·林恩·哈贝尔

草图

线稿

基础颜色

终稿

老兵

安东尼奥·斯塔帕特

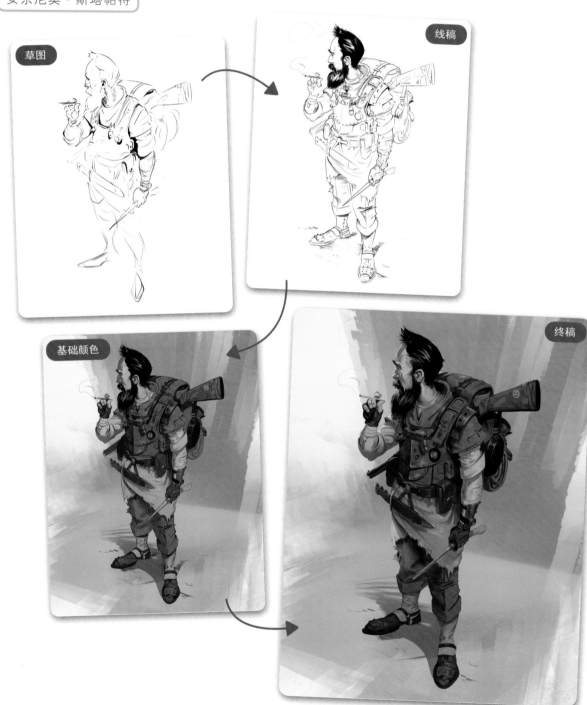

草图

线稿

基础颜色

终稿

术语表

环境光遮蔽

这是指由环境光、非平行光创建的阴影，就像物体在阴天时被照亮一样。这些阴影部分主要是环境光无法到达的区域。

Apple Pencil

Apple 公司专门为 iPad 开发的触控笔。它是推荐给 Procreate 用户使用的工具，具有倾斜识别、压力敏感和侧键等功能。

背景颜色图层

Procreate 所特有的图层，这是一个不可删除的图层，会随着每个新文件自动创建。

画笔库

Procreate 的画笔库合，包括默认画笔和任何可制作或下载的自定义画笔。

画布

用于模拟传统和数字艺术的绘画表面。

导出

将作品保存在 Procreate 之外，以便在你的设备或其他应用程序中使用。

图库

Procreate 的主屏幕用于显示你所有的文件。在这里可以创建新画布以及预览、删除或重新整理现有画布。

手势

在 Procreate 的环境中，手势是因手指在 iPad 屏幕上的动作而触发的命令。

渐变

指明度和色调的柔和过渡。

图片格式

若要将图像的数字化数据转换为实际图片，则必须以设备可以读取的正确格式存储文件。最常见的格式是 JPEG，用于无透明通道的图像；PNG 用于有透明通道的图像；GIF 用于动画图像；PSD 和 PROCREATE 用于由图层组成的文件。

导入

在 Procreate 中添加文件，包括来自其他软件的画笔、参考或图像文件。

图层

在数字绘画软件中，图层用于模拟一堆透明的纸，可以单独编辑和操作它们。图层是数字绘画中最重要的工具之一。

线稿

用线条绘制的图画。它本身可能是一个绘画作品，也可能用作绘画的基础。

不透明度

事物的不透明或透明程度。在数字绘画的背景下，它指的是笔触或图层的透明度。

透视

在绘画内容中，透视是在平面上对三维深度的表示，如屏幕或页面。

偏好设置

Preferences 的缩写，【偏好设置】是【操作】菜单下的一个包含 Procreate 的常规设置菜单。

预设

预定义的设置配置。

压力敏感度

软件或硬件接收笔触压力并以数字方式再现的能力。

RGB

通过红色、绿色和蓝色的数值来控制颜色的一种色彩模式。

源库

Procreate 所特有的，该库包含大量可用于创建或更改画笔的预设图像。

堆栈

在 Procreate 中，堆栈是图库中的文件组。

触控笔

一种类似于笔的工具，可让你在触敏设备上浏览使用，如 iPad。

选项卡

菜单的一部分。每个菜单可能有多个选项卡，每个选项卡会列出不同类别的选项。

缩略图

作品小画面的初步版本或软件中的作品预览。

倾斜灵敏度

软件接收屏幕上触控笔笔尖倾斜的角度，并以数字方式再现的能力。

缩时视频

在 Procreate 中，这是绘画过程的加速视频记录。

工作流程

从头到尾进行项目开发的过程。随着时间的推移，每位经验丰富的艺术家都会发展出自己独特的工作流程。

明度

在绘画过程中，明度值是指颜色的明暗。

工具指南

阿尔法锁定
在图层上锁定透明像素的设置，只允许在现有的像素上进行绘制。

泛光
创建眩光或气氛光晕效果的调整命令。

模糊
可让你模糊图层像素的调整命令，相反的效果是锐化。

画笔
数字绘画的主要工具，可以模拟不同的媒介和效果。

剪辑蒙版
将一个图层设置为父级图层，将其余图层设置为子级图层的选项。子对象不能在父对象的像素之外绘制。

克隆
创建所选区域副本的选项。

颜色平衡
通过图像中红色、绿色和蓝色的数值来控制颜色的设置。

色彩快填
一种通过将色样拖放到画布上，用纯色填充封闭区域的工具。

颜色菜单
此菜单位于界面的右上角，可通过不同的模式选择和调节颜色。

色盘
界面右上角的圆形图标表示当前选择的颜色。色盘也是颜色模式中组成调色板的小方块颜色。

裁剪
可以用来裁剪和控制画布尺寸的工具。

曲线
通过直方图控制图像颜色的设置，主要用于控制明暗值的级别。

自定义画笔
由 Procreate 用户从头开始制作的笔刷，或从默认画笔中调整后的笔刷。

绘图辅助
此工具将线条捕捉到最后使用的绘图指引处。可以为每个图层打开或关闭。

绘图指引
这是一个在 Procreate 画布上创建和编辑网格的工具，可以在绘图时用作参考。

擦除
从画布删除像素的工具。

吸管
从画布选取颜色的工具。

故障艺术
以破坏性方式置换像素以获得艺术效果的调整命令。

半色调
为图像添加半色调网点效果的调整命令。

色相、饱和度、亮度
通过色相、饱和度和亮度来控制颜色的色彩模式，用于对图像进行调整。

图层混合模式
一种确定两个或多个图层之间相互作用的设置，例如变亮或变暗。

液化
可以控制、扭曲并重新塑造画布像素的工具。

锁定
保护图层不被编辑的设置。

磁性
Procreate 的特有功能，此设置可以以固定增量沿水平、垂直或对角轴移动对象。

蒙版
一个非破坏性的工具，可让你隐藏内容而不删除它。

杂色
一种添加纹理或颗粒效果的设置，类似于模拟照片或胶片效果。

调色板
【颜色】菜单中提供的固定色板集合。

压力曲线
可以调整软件如何反应笔触强度的设置。

速选菜单
包含通过手势调用的六个可自定义选项的菜单。

速创形状
通过自动平滑手绘线条，可绘制完美的线条和几何图形的功能。

重新着色
可以选择颜色区域并将其更改为预选颜色的调整命令。

选区
大多数数字绘画软件中的一种工具，可隔离特定区域以进行编辑或操作。

涂抹
Procreate 中的一个工具，可以移动和涂抹绘制内容，而不是擦除绘制内容。

变换
Procreate 中的一个工具，可以修改作品中元素的位置、比例和尺寸。

撤销 / 重做
在绘画过程中，撤销表示后退一步，重做表示往前一步。

可下载资源

以下资源可扫描二维码从"有艺学堂"下载。当你开始学习入门教程和角色设计重点教程时，可以使用这些工具进行实验，并帮助你完成每个教程。我们建议你在开始学习教程之前下载它们。

角色设计重点
帕特里希亚·沃伊奇克

- 角色作品，带有图层
- 面部作品，带有图层

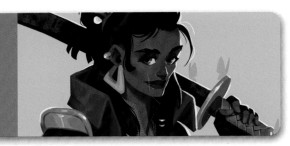

阳光朋克女孩
奥尔加·阿苏洛克斯·安德里延科

- 角色线稿
- 缩时视频

魅影音乐家
莉珊娜·科特尤

- 角色草图
- 角色线稿
- 画笔
  - 素描软铅笔
  - 素描墨水软铅笔
  - 纹理画笔
- 缩略图缩时视频
- 着色过程缩时视频
- 最终作品缩时视频

女巫
阿马戈亚·安吉尔

- 角色草图
- 角色线稿
- 背景线稿
- 缩时视频

骑手
乔迪·拉费布雷

- 角色线稿
- 缩时视频

药剂师
法蒂玛·哈杰德（蓝鸟）

- 角色线稿
- 缩时视频

神枪手巫师
科里·林恩·哈贝尔

- 角色线稿
- 缩时视频

作者团队

阿马戈亚·安吉尔

阿马戈亚是一名自由插画师和漫画家，居住在西班牙。她目前从事于绘制各种绘本和漫画以及个人项目。

自由插画师

奥尔加·阿苏洛克斯·安德里延科

奥尔加是一位充满激情的、独立的艺术家，在动画、漫画和电子游戏世界之间穿梭。她设计角色、制作动画、讲述故事，并分享自己在艺术之旅中的个人经验。

自由角色设计师和故事艺术家

法蒂玛·哈杰德（蓝鸟）

法蒂玛是一名来自伊朗的概念艺术家和插画师，目前居住在挪威奥斯陆。她擅长角色设计、幻想艺术和童话故事。她从小热爱艺术和文学。

插画师

科里·林恩·哈贝尔

科里·林恩目前在Firewalk工作室担任高级概念艺术家，同时担任棋盘游戏Brutality的艺术总监，作为概念艺术家他已工作了13年多。

高级概念艺术家

莉珊娜·科特尤

莉珊娜是插画师和角色艺术家。她喜欢线稿速写、讲故事以及用更简单的方式绘制头发和舞会礼服。

插画师和角色艺术家

乔迪·拉费布雷

乔迪出生于巴塞罗那，曾为书籍和动画绘制插图和艺术作品，并拥有多部自己的插画小说。他相信每张照片都可以讲述故事。

插画小说作者和特许设计师

安东尼奥·斯塔帕特

安东尼奥是一位比利时艺术家，也是娱乐行业的高级概念设计师，为PlayStation、育碧游戏、亚马孙和Volta等客户开发新产品。他为有抱负的概念艺术家和插画师开设了Art-Wod在线学校。

高级概念设计师

帕特里希亚·沃伊奇克

帕特里希亚是来自波兰的2D数字艺术家，他为自由客户创作数字绘画、插图和角色设计。

2D 数字艺术家

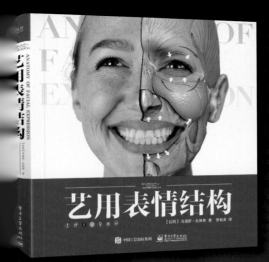

艺用表情结构（全彩）

艺用人体结构（全彩）

力：动态人体写生（10周年纪念版）（全彩）

艺术基础（第二版）（全彩）

读者服务

　　读者在阅读本书的过程中如果遇到问题，可以关注"有艺"公众号，通过公众号中的"读者反馈"功能与我们取得联系。此外，通过关注"有艺"公众号，您还可以获取艺术教程、艺术素材、新书资讯、书单推荐、优惠活动等相关信息。

　　投稿、团购合作：请发邮件至 art@phei.com.cn。

扫一扫关注"有艺"